最新

二次電池が一番わかる

充電・放電の化学から
ポスト・リチウムイオン電池まで

白石 拓 著

技術評論社

はじめに

2019年のノーベル化学賞は、吉野彰博士と、米国大学の2人の教授が共同受賞したことは記憶に新しいところです。受賞理由は「リチウムイオン電池の開発」です。リチウムイオン電池の価値を世界が認めた瞬間でした。

リチウムイオン電池がノーベル賞を受賞した理由は2つあります。

1つは、IT社会が発展してきたことへの貢献です。今私たちの手にあるスマートフォンの電源はリチウムイオン電池です。そして、2つめは、環境問題を解決する可能性があるという点です。

■再生可能エネルギー普及の追い風に

リチウムイオン電池にかけられる期待の大前提として挙げられるのは、それが二次電池であることです。二次電池とは、使い切りの乾電池のような一次電池と違って、何度でも充電して再使用できる電池をいい、充電池あるいは蓄電池とも呼ばれます。

ご承知のように、電気自動車（EV）はリチウム電池などの二次電池から取り出した電気でモータを回して走ります。電池の電気を使い切れば、充電します。二酸化炭素を含む排気ガスをいっさい排出しない環境にやさしいエコなEVが、これから世界中で普及することはすでに既定路線といえます。

二次電池は、再生可能エネルギー（自然エネルギー）の利用拡大も後押しします。これまで再生可能エネルギーによる発電が思うように広がらなかったのは、風力発電や太陽光発電が気象条件に左右され不安定であることに加え、せっかく発電した電気を大量に貯めておく技術がなく、使い勝手が悪かったからです。しかし、大容量で高性能な二次電池の登場で、再生可能エネルギーによる発電も経済的に成り立つようになりました。

■緊急時の電源として力を発揮する二次電池

大量の電気を蓄えることができる二次電池は、災害時にも力を発揮します。何よりも持ち運べるところに利点があり、緊急の電気が必要なとき、必要な場所に、必要な量だけ届けることができます。また、停電が発生したときのために、病院やホテル、介護施設、データセンターなどでは非常用電源として、大型の二次電池を設置する例も増えています。

本書ではまず、電池のしくみを一次電池を例にして図解で説明し、次に二次電池の原理と種類を詳しく紹介しています。とくにリチウムイオン電池については多くのページを割きました。

そして、最後の5章では次世代二次電池を特集しました。従来の常識を覆す新しい原理の二次電池がいろいろ出てきますので、必見です。

白石　拓

最新 二次電池が一番わかる
──充電・放電の化学から、ポスト・リチウムイオン電池まで──

目次

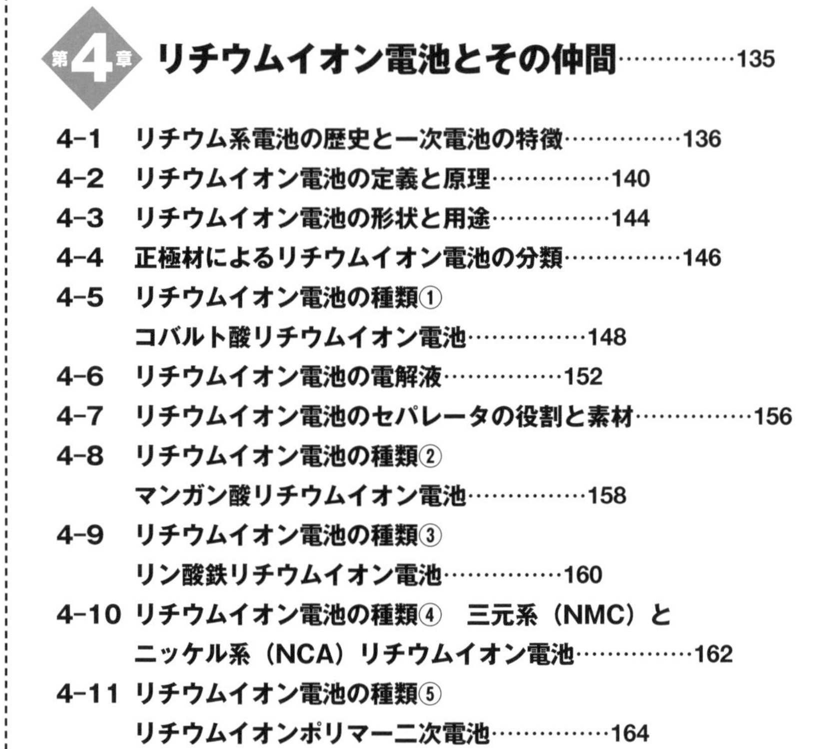

第4章 リチウムイオン電池とその仲間……………135

第5章 次世代二次電池の有力候補……………177

コラム｜目次

◆本書ではこんな疑問も解決できます◆

ふだんの生活の中で、電池について「不思議に思うこと」や「疑問を抱くこと」がいろいろあると思います。次のような疑問も、本書を読めば即解決！しっかりと腑に落ちます。

疑　　問	本書のページ
太陽電池や燃料電池も「電池」ですか？	p11〜13
電池の化学反応は酸化・還元と関係あるのですか？	p28
イオン化傾向は何で決まるのですか？	p38
イオン化列に金属ではない水素が入っているのはなぜですか？	p36
乾電池は何が「乾」いているのですか？	p10, 48
乾電池は、単1でも単3でも電圧が同じ1.5Vなのはなぜですか？	p56
電池の出力とは電圧のことですか？	p58
一次電池はなぜ充電できないのですか？	p66, 106
二次電池のカーバッテリーがへたるのはなぜですか？	p76, 108
「急速充電」と「普通充電」の違いは何ですか？	p114
ケーブルをつながないでなぜ充電できるのですか？	p116〜119
キャパシタって電池ですか？	p130
アノードは負極、カソードは正極、は正しいですか？	p134
リチウムはなぜ電池に使われるのですか？	p136
リチウムイオン電池は何がすぐれているのですか？	p57, 59, 61, 63, 121
リチウムイオン電池は、なぜわざわざ「イオン」というのですか？	p143
リチウムイオン電池はなぜ発熱したり爆発したりするのですか？	p154
ポスト・リチウムイオン電池では何が有力なのですか？	p178
全固体電池って電解液も固体なのですか？	p178
空気電池は空気を燃料にしているって本当ですか？	p184

第1章

化学電池の基礎

化学電池には、電気がなくなれば終わり（使い切り）の一次電池と、
充電することで何度でも使える二次電池があります。
実は両者の違いはごくわずかなので、
一次電池のしくみを知ることで、
二次電池についてもたやすく理解できます。
本章では、一次電池から始まった化学電池の歴史をたどりながら、
電池の原理やしくみ、つくりなどの基礎を解説します。

1-1 身のまわりにあふれる多種多様な電池

ノーベル化学賞受賞で脚光を浴びてリチウムイオン電池が有名になったものの、ふつう「電池」といえば、多くの人は乾電池を真っ先に思い浮かべることでしょう。安価で使いやすく、安全な**乾電池**こそ、これまでいちばん成功した電池といえます。

もっとも、乾電池にもマンガン乾電池やアルカリ乾電池などいろいろな種類があります。「乾電池」という名称は、電池内部に**電解液**（**電解質溶液**）ではなく、液体をゲル状にして固体に染み込ませたものを使っているために、「乾いた」電池であることからつけられました。したがって、電極材料や電解質が異なっていても、同様の構造を持つものは乾電池と呼ばれます。乾電池に対して、電解液をそのまま使用している電池は、**湿電池**と呼ばれます。

乾電池が発明される前は、電解液がこぼれたり、漏れ出したりして持ち運びが不便でした。その欠点を解消したことで、乾電池は爆発的に普及していきました。

なお、**電解質**とは溶媒に溶かしたときに陽イオンと陰イオンに電離する物質をいいますが、イオンを含む溶液のことを電解質ということもあり、本書では両方の意味で使います。電解質には液体と固体があり、液体の電解質を電解質溶液、略して電解液といいます。

●化学電池は一次電池と二次電池に分類

電池には、リチウムイオン電池や乾電池以外にも非常に多くの種類があります。それらの分類方法としては、まず根本原理から、**化学電池**と**物理電池**に大別するのがふつうです（図1-1-1）。

化学電池とは、化学反応によって電気を発生させて取り出す装置をいいます。乾電池やリチウムイオン電池は化学電池です。

化学電池はさらに、**一次電池**、**二次電池**（図1-1-2）、**燃料電池**に分類されます。一次電池とは一度だけの使い切りタイプの電池をいい、**放電**が終了すれば廃棄されます。私たちがリモコンや時計に使っている電池は、多くは一次電池のアルカリマンガン乾電池〈➡ p52〉などでしょう。もちろん、二次電池のニッケル水素電池〈➡ p90〉などを使用している人もいるでしょうけれど。その二次電池とは、使い終わっても**充電**することで何度でも再利用可能な電池をいい、**充電池**、**蓄電池**とも呼ばれています。リチウムイオン電池は二次電池です。

図 1-1-1　電池の分類

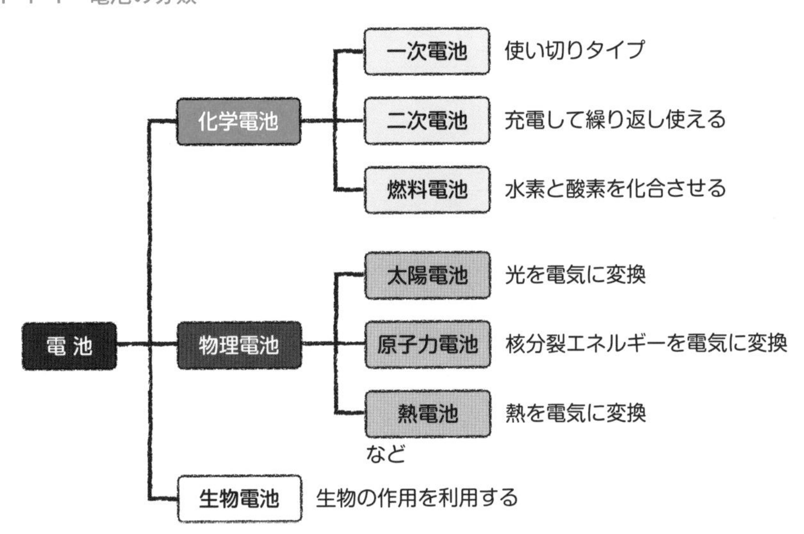

図 1-1-2　一次電池と二次電池

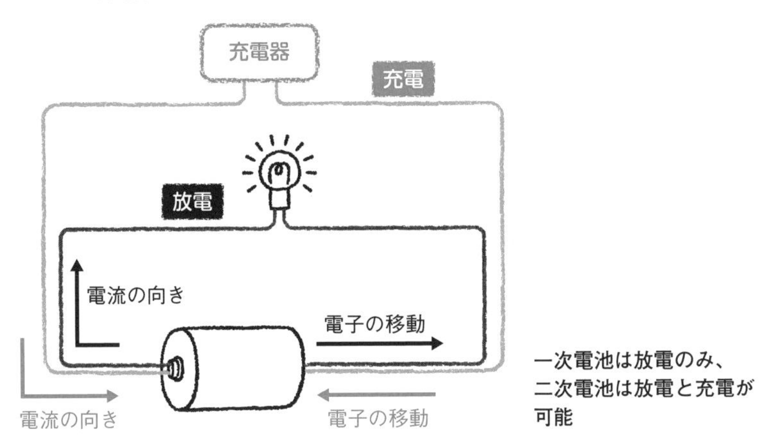

●燃料電池は一次電池でも二次電池でもない

一次電池にしても二次電池にしても、化学反応に関係する物質をすべて電池内部に閉じ込めていて、外部との物質のやりとりはありません。ところが、**燃料電池**の場合は、反応物質（燃料）が外部から供給されます。燃料電池とは、水素と酸素を化学反応で化合させて電気を取り出す装置です（図1-1-3)。

ふつう、気体の水素と酸素を混合して火花を散らすと、爆発的に化合して水ができます。このとき発生したエネルギーは熱や光となって大気中に放出されます。燃料電池ではこの化学反応を触媒を使って穏やかに進行させ、熱や光ではなく、主として電気エネルギーの形で取り出します。反応の結果できた水は外へ捨てられます。

燃料電池の燃料は、天然ガスやエタノールなどから作った水素と、空気中の酸素です。これらを外部から供給するので、燃料電池は火力発電に似ているといえます。燃料を供給し続けることで発電を継続できるので、一次電池でも二次電池でもないといえます。

●電池はすべて「発電装置」

一方、化学電池と発電原理が根本的に異なるのが**物理電池**です。物理電池とは、化学反応を介さずに、光や熱、原子力などのエネルギーを電気に変換する装置をいいます。

物理電池の代表は**太陽電池（ソーラーパネル）**です。太陽電池は太陽光が当たると直接電気を発生させます。2種類の半導体（p型とn型）を接合した部分に、太陽光を照射すると、p型には**正孔**が集まり、n型には電子が集まって、起電力（電圧）が生じます。そこでp型とn型を導線でつなぐと、p型を正極として電流が流れます（図1-1-4)。正孔とは、あるべき電子がない空きスペースをいい、正の電荷を持っているかのように振る舞います。

物理電池にはほかに、**原子力電池**や**熱電池**などもあります。原子力電池は、放射性同位体から出る放射線のエネルギーを電気エネルギーに変換する装置で、宇宙空間などでの特殊な用途で使用されています。熱電池は、接続した2種類の異なる金属（や半導体）に温度差を与えることで起電力を生みます。

なお、酵素や葉緑素などの生体触媒や微生物の働きを利用して発電する**生物電池（バイオ電池）**は、広い意味で化学電池の一種といえます。

そもそも「電池」という名称を文字通りに解釈すると「電気が蓄えられている池」ですが、燃料電池や太陽電池には電気を蓄える機能はありませんので、電池とは呼びにくいですね。さらにいえば、化学電池にしても電池内に電気を蓄えているのではなく、内包する化学エネルギーを電気エネルギーに変化させて取り出しているわけですから、電池は「電気を蓄えている」ものというより、「発電する」装置であると理解したほうがいいようです。

図 1-1-3　燃料電池の原理

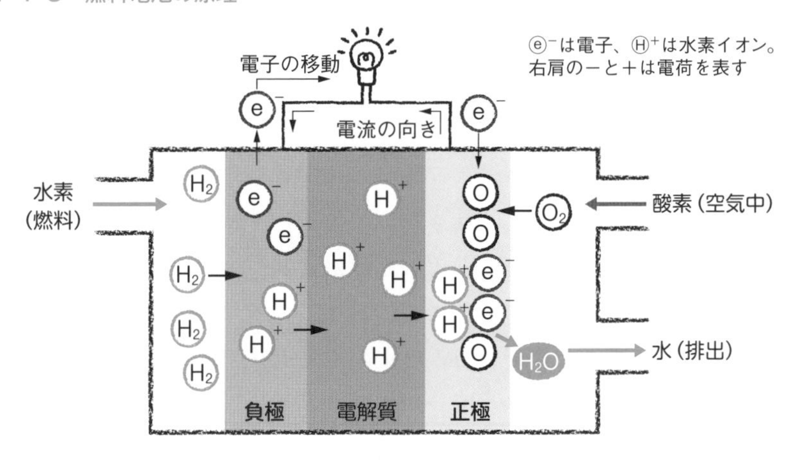

図 1-1-4　太陽電池の原理

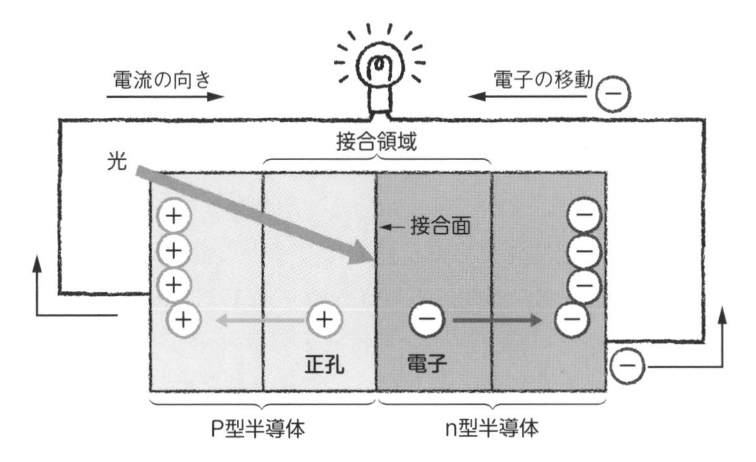

1-2 化学電池を形状で分類する

化学電池の形状は、搭載される機器の形状や使用条件などに合わせて、たくさんの種類があります。

私たちがふだんよく使っている乾電池は**円筒形**で、単1形から単5形まで5種類の大きさがあります（図1-2-1）。単6形も販売されていますが、日本国内では製造されておらず、すべて輸入品です。

円筒形電池には、一次電池のマンガン乾電池〈➡ p48〉、アルカリマンガン乾電池〈➡ p52〉などのほかに、二次電池のニッケル・カドミウム電池（ニカド電池）〈➡ p84〉やニッケル水素電池〈➡ p90〉、リチウムイオン電池〈➡ p140〉などがあります。

乾電池には、円筒形電池よりサイズが大きな直方体形の**角形**電池もあります。角形乾電池は複数の乾電池が直列に接続された構造をしており、**積層乾電池**とも呼ばれます。乾電池1個の電圧は1.5V（ボルト）なので、6個の電池を重ねた角形乾電池の電圧は9Vです。電動工具やラジコンカーなど、高い電圧が必要な機器に使われます。角形電池には、マンガン乾電池やアルカリマンガン乾電池、ニッケル水素電池などがあります。ただし、積層型ではない角形電池もあります。

●ピン形やシート形の電池も

電卓や電子ゲーム、腕時計、補聴器などの小型機器でよく使われているのは**ボタン形**電池です。直径より高さのほうが短い円筒形の電池ですが、ボタン形の中でも硬貨のように薄い形状の電池をとくに**コイン形**電池と呼び、区別することもあります。ボタン形電池には、酸化銀電池（一次電池）やアルカリマンガン電池など、コイン形電池ではリチウム電池（一次電池）、リチウムイオン電池などがあります。主要メーカーの1つであるパナソニックは38種類もの規格のボタン形・コイン形電池を製造販売しています。

補聴器やワイヤレスイヤホンなどでは、より小さな**ピン形**電池が使われています。直径はわずか3～5mm、高さも2～4cm程度とかなり小ぶりです。

ピン形電池にはリチウム電池やリチウムイオン電池などがあります。

変わった形状としては、音楽プレーヤーなどに組み込まれている**シート形**のリチウムイオン電池があります。厚さが1mm未満で、人体に貼り付けられるよう折り曲げが自由自在の**パッチ形**電池の開発も進んでおり、生体ウェアラブルヘルスケア機器の電源などに利用されています（図1-2-2）。

図 1-2-1　円筒形乾電池の大きさの比較

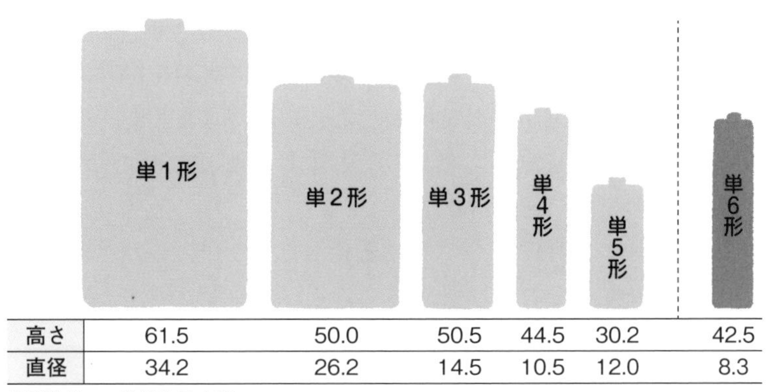

	単1形	単2形	単3形	単4形	単5形	単6形
高さ	61.5	50.0	50.5	44.5	30.2	42.5
直径	34.2	26.2	14.5	10.5	12.0	8.3

※単位はmm。数値は最大値

図 1-2-2　いろいろな形状の電池

1-3 化学電池の発明と進化

電池のルーツは18世紀のヨーロッパに遡(さかのぼ)ります。イタリアの医学者ルイージ・ガルバーニ（1737–1798）が1つの重大な発見をしました。1780年ガルバーニは、皮をむいたカエルの脚に助手がメスを突き刺したところ、筋肉がまるで生きているかのように動いたのを目撃したのです。

これに驚いたガルバーニは、カエルの脚を用いて実験を繰り返し、生物体内に蓄えられていた電気が筋肉を震わせたと結論づけました。そして、それを**動物電気**と名づけました。すなわち、生体内の動物電気が流れて筋肉を震わせたと考えたのです（図1–3–1）。

なお、ガルバーニ自身は気づいていませんでしたが、このとき世界で初めての電池が作られていたことになります。それはレモン電池と同じで、化学電池の一種といえます。

●ボルタ電堆とボルタ電池

ガルバーニの発表を聞いた、同じイタリアの物理学者アレッサンドロ・ボルタ（1745–1827）は、すぐさま動物電気説に異を唱えました。ボルタは電気の発生が、動物電気によるものか、それとも2種類の金属を生体に挿入したことによるものか、区別できないとしました。

ボルタはカエルの脚の代わりに塩水に浸した紙を使い、2種類の金属を接触させて、電流が流れることを確認しました。そして1794年、亜鉛板と銅板に塩水を含んだ紙をはさんだものを何層も積み上げた**ボルタ電堆**(でんたい)を作りました（図1–3–2）。

これにより、異なる2種類の金属と電解質（電解液）によって電気が発生することを証明し、ガルバーニの動物電気説を否定しました。

ボルタはさらに1800年、ボルタ電堆を改良して、銅板と亜鉛版を電極にし、電解質に希硫酸を用いた**ボルタ電池**〈➡ p22〉を発明しました。ボルタ電池はボルタ電堆とともに世界初の化学電池とされています。

ちなみに、電圧の単位**ボルト**（V）はボルタにちなみます。

図 1-3-1　ガルバーニの動物電気

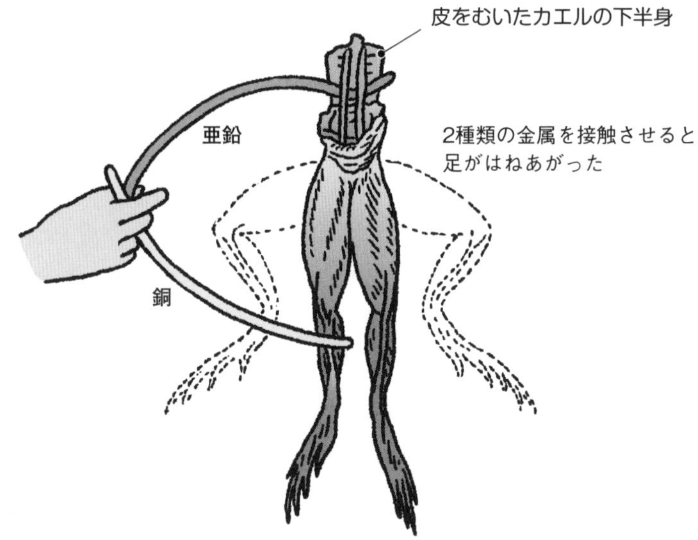

図 1-3-2　ボルタ電堆の構造

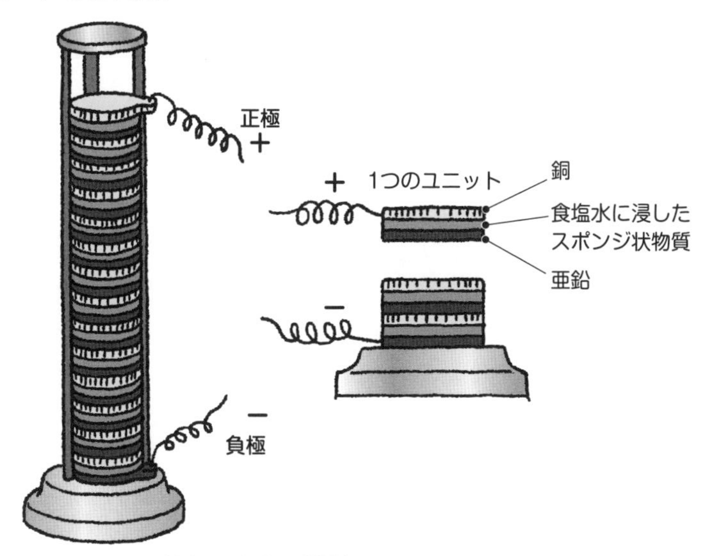

●現在の乾電池に近づいたダニエル電池

ボルタ電池の欠点を補い、化学電池を実用化させたのがイギリスの物理学者・化学者のジョン・フレデリック・ダニエル（1790–1845）で、1836年**ダニエル電池**〈➡ p32〉を開発しました。

ダニエル電池は、電極として、負極に亜鉛、正極に銅を用いたところはボルタ電池と同じでしたが、正極と負極の電解質を別にし、負極の亜鉛棒と電解質の硫酸亜鉛溶液を素焼きの容器に入れ、それを正極の銅板を浸けた硫酸銅溶液の中に入れました。つまり、2つの電解質を素焼きで分離したのです。これにより、回路につないで電流を流しても起電力の低下が抑えられる、持続時間の長い実用的な電池ができました。

現在の**乾電池**は、このダニエル電池と基本的なしくみは同じです〈➡ p48〉。ただし、液漏れしない「乾」電池が登場するのはそれから約50年後、1888年のことになります。

●乾電池を発明した日本人

ダニエル電池の発明以後も電池の改良は続き、フランスの電気技師ジョルジュ・ルクランシェ（1839–82）が、現在の乾電池の原型となった**ルクランシェ電池**を開発しました。しかし、電解質が液体であったために液漏れや容器の腐食などの問題が残り、持ち運びにも不便なままでした。

それを解決したのが、ドイツの医師で発明家でもあったカール・ガスナー（1855–1942）です。ガスナーは、電解液に石膏の粉末を混ぜてペースト状にして液漏れを防ぎました。1888年にドイツで特許を取得し、これをもって世界初の乾電池とされています。ただ、同時期にデンマークでも発明家のウィルヘルム・ヘレセンス（1836–1892）が乾電池を開発しています。

しかし、実は2人に先駆けて乾電池を発明した日本人がいました。職工で発明家でもあった屋井先蔵（やいさきぞう）（1864–1927）が、1885年に独自の工夫で液漏れしない**屋井乾電池**を発明しました（図1–3–3）。しかし、特許取得が1893年になり、「世界初」の称号を失いました。

さて、ここまで簡単に一次電池の歴史を遡りましたが（表1–3–1）、二次電池が生まれたのはボルタ電池の発明から59年後のことです。1859年にフランスの科学者ガストン・プランテ（1834–89）が世界で最初の二次電池である

鉛蓄電池〈➡ p68〉を発明しました。鉛蓄電池といえば、今もガソリンエンジン車やディーゼルエンジン車のバッテリーとして広く用いられています。

図 1-3-3　屋井乾電池の構造

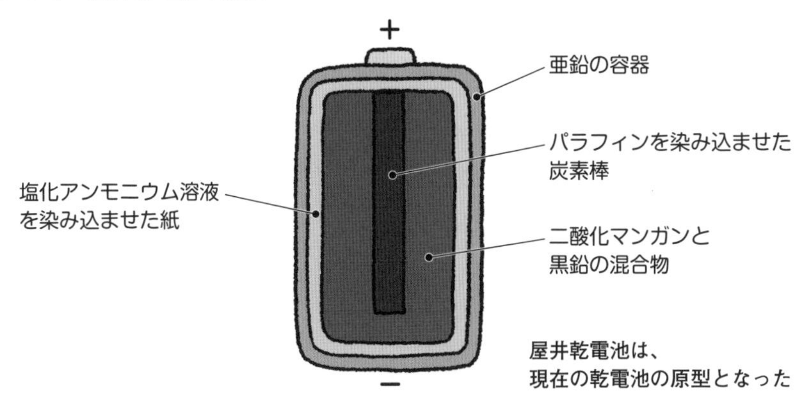

表 1-3-1　電池の発明史

年	発明された電池	人物	本書のページ
1780	（動物電気の発見→後に否定）	ガルバーニ（イタリア）	➡ p16
1794	ボルタ電堆	ボルタ（イタリア）	➡ p16
1800	ボルタ電池	ボルタ（イタリア）	➡ p22
1836	ダニエル電池	ダニエル（イギリス）	➡ p32
1859	鉛蓄電池	プランテ（フランス）	➡ p68
1868	ルクランシェ電池（現在の乾電池の原型）	ルクランシェ（フランス）	➡ p18
1885	屋井乾電池	屋井先蔵（日本）	➡ p18
1888	乾電池	ガスナー（ドイツ） ヘレセンス（デンマーク）	➡ p48
1899	ニッケル・カドミウム電池（二次電池）	ユングナー（スウェーデン）	➡ p84
1900	ニッケル鉄電池（二次電池）	エジソン（アメリカ）	➡ p78
1907	亜鉛空気電池（一次電池）	フェリー（フランス）	➡ p184
1971	リチウム電池（一次電池）	—	➡ p136
1985	リチウムイオン電池（二次電池）	—	➡ p140
1989	ニッケル水素電池	—	➡ p90

※発明年には諸説ある場合があります

1-4 世界初の二次電池は車のバッテリーで活躍

世界最初の二次電池である**鉛蓄電池**の登場がボルタ電池の発明から59年後と聞くと、ずいぶんと時間がかかった印象を持たれるかもしれませんが、実は乾電池が登場する約30年も前です。そして、驚くべきことに、この鉛蓄電池は以後160年以上もの長きにわたって、自動車用バッテリーとして不動の地位を築いたまま今日に至ります。現在のバッテリーも基本的なしくみは、プランテが発明した当時のものと同じです。

なお、自動車用電池は一般に「**バッテリー**」と呼ばれています。英語の「battery」は「電池」という意味であり、円筒形の乾電池も「バッテリー」です。ただし、電池を意味する英語にはほかに「cell」があり、本来単体の電池は「**セル**」で、複数のセルを組み合わせたものが「バッテリー」です。

●幻となった鉛蓄電池の電気自動車

蓄電池とは「二次電池」を意味する言葉で、鉛蓄電池は鉛と二酸化鉛を電極に用いた二次電池です〈➡ p68〉。なお、二次電池を**充電池**と呼ぶこともあります。

実は、自動車が誕生した初期の頃、動力源をエンジン（内燃機関）か電気モータのどちらにするかの主導権争いがありました。そのとき、電気モータの電源候補として挙げられたのが鉛蓄電池でした。しかし、当時の鉛蓄電池の性能は今とは比ぶべくもなく、自動車の心臓はエンジンに軍配が上がりました。鉛蓄電池には、ランプなどの電源としての役割が与えられました。

それが、ここへ来て時代が変わり、自動車の心臓が電気モータに代わろうとしているのは、歴史の不思議な巡り合わせといえるでしょう。

自動車は非常に多くの電気・電子機器を搭載しており、1つの図に描き切れないので、図1-4-1に一部を記しました。

●鉛蓄電池には電力貯蔵用途も

鉛蓄電池の二次電池としての性能はリチウムイオン電池に比べて低いです

が、何よりも安価で、長年の使用実績があり安定しています。そのため、電力貯蔵用二次電池としても利用されています。しかし、エネルギー密度が小さい〈➡ p63〉ぶん大きな設置スペースが必要になります。

現在電力貯蔵用に利用されている電池にはほかに、リチウムイオン電池〈➡ p140〉、ニッケル水素電池〈➡ p90〉、ナトリウム硫黄電池（NAS電池）〈➡ p96〉、バナジウム電池（レドックスフロー電池）〈➡ p100〉などがあります。

図 1-4-1　自動車の電気系統

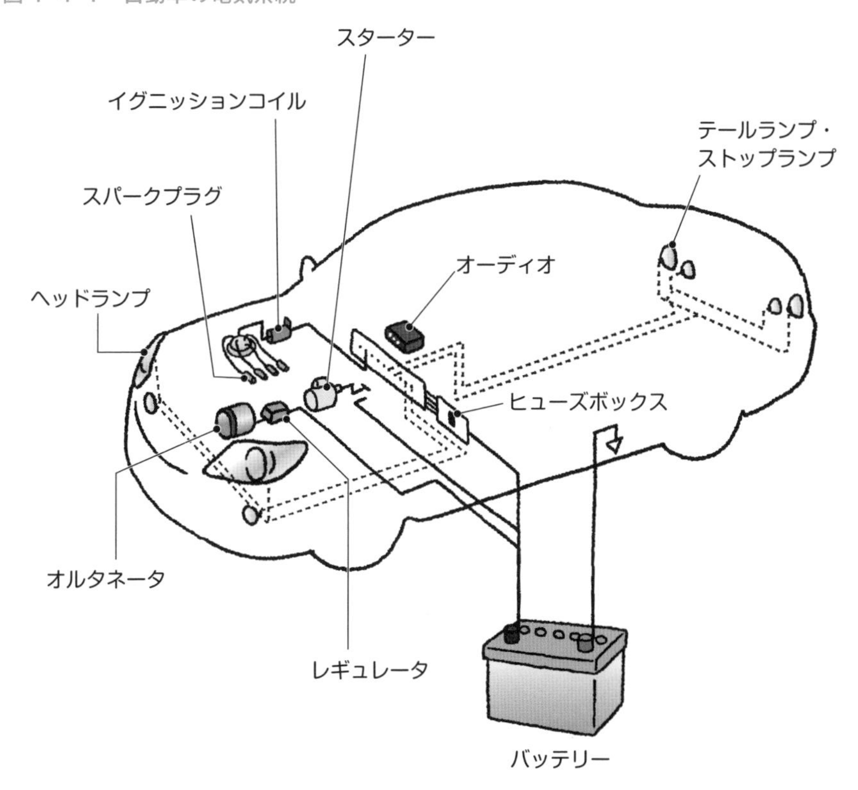

エンジンが作動しているときは、発電機が電気をまかない、鉛蓄電池の充電も行う。しかし、エンジンを切った状態のときや、エンジンを始動する際にスターター（セルモータ）を回すときには、鉛蓄電池が単独で電力を供給する

↓

鉛蓄電池が乾電池などと比べて飛び抜けて大きいのはそのため

1-5 電池の基礎知識①
電池の基本構造

そもそも、化学電池がどのような原理で電気を発生させるのかについて、世界最初の化学電池である**ボルタ電池**を例にとって紹介します。なお、本書では基本的に化学電池について説明していますので、単に「電池」と表記する場合も、特別な場合を除いて「化学電池」を意味します。

現在、高校化学ではボルタ電池をほとんど扱っていません。その理由は、ボルタ電池で起こる現象についての説明には誤りが多く、また取り出せる電流も小さいからです。

しかし、ボルタ電池は「世界初」という称号以外にも、**化学電池**として最も簡単な構造をしているゆえに、化学電池の基礎知識を得るのに好都合な素材です。それに、すべての化学電池はボルタ電池の欠点を改良することで進化してきたことを思えば、ボルタ電池の欠点を知ることは有意義です。

●ボルタ電池のしくみ

化学電池にはすべて、2つの電極と電解質が必要です。ボルタ電池では2種類の異なる金属を電極にし、液体の電解質を用いています。

ただし、電池の構造によっては電極は同じ金属でもよく、さらに金属でなくても導電体であれば構いません。また、電解質も液体でなくてもイオンが移動できれば固体でも使えます。

ボルタ電池では、電極に銅板と亜鉛板、電解質には希硫酸（水溶液）が用いられています。電池としてのしくみは、家庭で簡単に作れるレモン電池と基本的に同じです。

ボルタ電池において、導線で2つの電極をつないだ回路を閉じると、亜鉛板から金属の亜鉛が溶け出して亜鉛イオン（**陽イオン**）になり、亜鉛板に電子が残されます。電子がたまると導線を移動し、銅板に向かいます（図1-5-1）。電子が回路に流れ出る電極が負極ですので、亜鉛板が負極になり、電子が流れ込む銅板が正極になります。このようにして回路に電流が流れて豆電球に到ると、豆電球が点灯します。なお、正電荷を持つイオンを陽イオン、負電荷を持つイオンを**陰イオン**といいます。

もっとも、このとき電流は銅板（正極）から亜鉛板（負極）に向かって流れます。電子が移動する向きと電流の向きが逆なのは、その昔まだ電子が見つかっていないとき、電流が流れる向きを正極→負極と決めたからです（図1–5–2）。電流の正体である電子が負極→正極に移動することがわかったため、電流の向きはそのままで、電子が負電荷を持つと定義されました。

図 1–5–1　ボルタ電池のしくみ

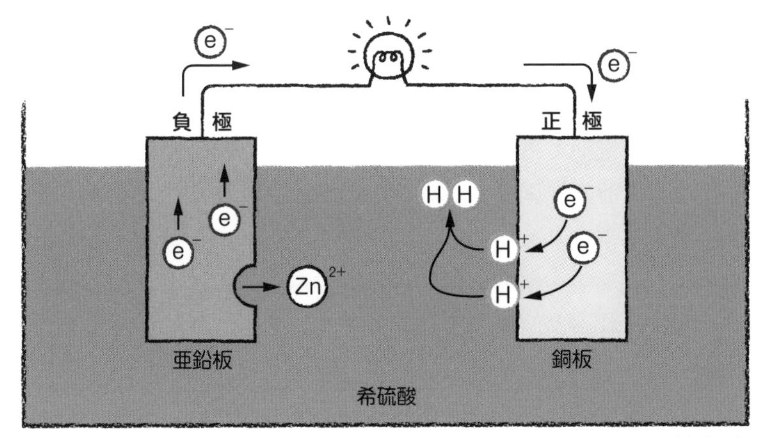

Zn^{2+}：亜鉛イオン、e^-：電子、H^+：水素イオン、H-H（H_2）：水素分子（水素ガス）

図 1–5–2　電子の移動方向と電流の向き

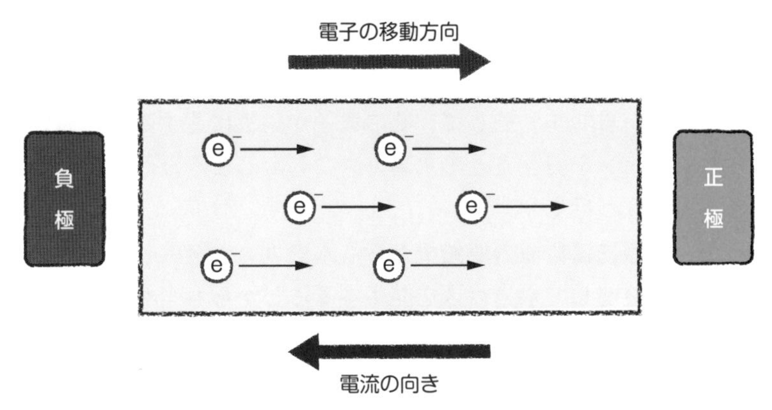

電子が負極から正極へ移動すると、電流が正極から負極へ流れる

正極に達した電子に、正電荷を持つ希硫酸中の水素イオンが引き寄せられ、電子を受け取って水素原子になり、水素原子が2つ結びついて水素分子（気体）になります。こうして、回路に電流が流れ、正極である銅板から水素ガスが発生します。以上がボルタ電池のしくみについての従来の説明です。

●亜鉛が負極になる理由

ボルタ電池では、亜鉛板が負極になり、銅板が正極になります。その理由として、亜鉛のほうが銅よりイオンになりやすいからと説明されるのが一般的です。金属が溶液に溶けて陽イオンになる“なりやすさ”を**イオン化傾向**といいます。主な金属のイオン化傾向を表1-5-1に示しましたが、p40でイオン化傾向についてくわしく説明しています。

しかし、ボルタ電池で電流が流れる本当の理由は、亜鉛と銅のイオン化傾向の差ではなく、亜鉛と銅と水素の3者のイオン化傾向の差にあります。というのは、銅は水素よりもイオン化傾向が小さいので、そもそも希硫酸にほとんど溶けないのです。他方、亜鉛のほうは水素よりイオン化傾向が大きいので、希硫酸に入れると溶解して亜鉛イオンになり、亜鉛表面から水素ガスが発生します。

したがって、希硫酸に亜鉛板と銅板の両方を入れると、亜鉛が溶け出し、銅はそのままです。これを導線でつなぐと、ボルタ電池ができ上がるのです。

●負極からも水素ガスが発生

ところで、なぜ亜鉛板から銅板へ電子が移動していくのでしょうか。その理由は、亜鉛が溶け出すことで、亜鉛板上に自由電子が増えてあふれ出し、導線を移動するからです。そして、その電子が銅板に達すると、届いた電子が次々と水素イオンを引き寄せて水素ガスにしてしまうために、電流が継続して流れるというわけです。

ところが、実際には負極の亜鉛板からも水素ガスが発生します。それは、亜鉛が希硫酸に溶解して水素ガスを発生することからも当然といえば当然で、亜鉛板の表面にたまった電子が導線にあふれ出る前に水素イオンと結合するのです。

となれば、せっかく亜鉛板で生じた電子もすぐさま亜鉛板上で消費されてしまい、回路に電子が流れ出ないことになります。実はそのとおりで、ボルタ電池による電流はとても小さいのです。

ただし、イオン化傾向とは関係なく、銅の表面には水素イオンが電子を得て水素ガスになる反応を促進する触媒作用があり、ここで電子が使われるために、結果的に回路に小さいながらも電流が流れるというわけです。もちろん、銅が溶け出すわけではありません。

表 1-5-1　金属のイオン化列と反応性

<table>
<tr><th>イオン化列</th><th>水との反応</th><th>酸との反応</th><th>空気中での酸化</th></tr>
<tr><td>Li</td><td rowspan="4">常温の水と反応</td><td rowspan="12">塩酸や希硫酸などと反応し水素を発生</td><td rowspan="4">乾燥空気中で速やかに酸化</td></tr>
<tr><td>K</td></tr>
<tr><td>Ca</td></tr>
<tr><td>Na</td></tr>
<tr><td>Mg</td><td>熱水と反応</td><td rowspan="3">乾燥空気中で緩やかに酸化</td></tr>
<tr><td>Al</td><td rowspan="3">高温の水蒸気と反応</td></tr>
<tr><td>Zn</td></tr>
<tr><td>Fe</td><td rowspan="6">湿った空気中で緩やかに酸化</td></tr>
<tr><td>Ni</td><td rowspan="9">反応しない</td></tr>
<tr><td>Sn</td></tr>
<tr><td>Pb</td></tr>
<tr><td>(H)</td></tr>
<tr><td>Cu</td><td rowspan="3">硝酸や熱濃硫酸など酸化力がある酸に溶ける</td></tr>
<tr><td>Hg</td><td rowspan="4">酸化されない</td></tr>
<tr><td>Ag</td></tr>
<tr><td>Pt</td><td rowspan="2">王水に溶ける</td></tr>
<tr><td>Au</td></tr>
</table>

1-6 電池の基礎知識②
電池反応を化学反応式で理解する

ボルタ電池の電極での化学反応を反応式で表すと、一般に次のようになります〈➡ p23・図 1-5-1〉。

《負極》 $Zn \rightarrow Zn^{2+} + 2e^-$

《正極》 $2H^+ + 2e^- \rightarrow H_2\uparrow$

したがって、**電池反応**全体では、

《反応全体》 $Zn + 2H^+ \rightarrow Zn^{2+} + H_2\uparrow$

となります。電池反応とは、電池の電極と電解質との界面で起こる電気化学的な反応を総称していう言葉です。なお、式中の［↑］は気体として発生することを表したいときに付けます。

もっとも、すでに述べたように、負極の亜鉛板からも水素が発生しますので、次のような反応が起こっています。

《負極》 $Zn \rightarrow Zn^{2+} + 2e^-$

$2H^+ + 2e^- \rightarrow H_2\uparrow$

●電池式に出てくる銅が反応式に出てこない

電池の構造を表した式を**電池式**といい、ボルタ電池の電池式は、

《電池式》 $(-)Zn|H_2SO_4|Cu(+)$

と表されます。電池式では左側に負極を書くと決められており、上式は、負極が亜鉛、正極が銅、電解質が（希）硫酸であることを示しています。

電池式や化学反応式において、たとえば、H_2SO_4 を $H_2SO_{4(aq)}$ と書くこともあります。添字の「aq」は「大量の水」を意味し、H_2SO_4 が水溶液であることを表します。表 1-6-1 に、物質の状態を表す添え字を紹介しています。

ところで、この電池式と冒頭の電池反応の化学反応式を見比べると、電池式には銅（Cu）が出てくるのに、電池反応式には出てきません。その理由は、正極の銅板に移動してきた電子を受け取って化学反応を起こすのは水素イオンであり、銅は電池反応に直接的には関わっていないからです。このように、電極物質は必ずしも直接電池反応に関わるとは限りません。

それに対して、亜鉛や水素イオンのように、電池で起こる化学反応に直接関与する物質を**活物質**といいます。ボルタ電池の場合、負極活物質は電子を供与する亜鉛（Zn）で、正極活物質は電子を受け取る水素イオン（H^+）です。つまり、負極物質＝負極活物質、正極物質≠正極活物質です（図1–6–1）。電池反応の化学反応式は、両極の活物質の反応を表します。

表 1–6–1　化学反応式で物質の状態を表す記号

物質の状態	英語	記号
気体	gass	g
液体	liquid	l
固体	solid	s
水溶液	aqua （ラテン語で「大量の水」の意）	aq

図 1–6–1　ボルタ電池の電極と活物質

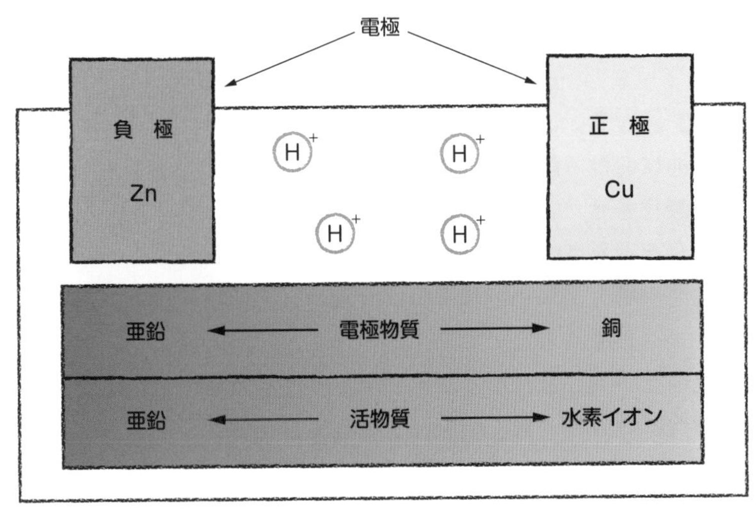

負極物質（Zn）＝負極活物質（Zn）だが、正極物質（Cu）≠正極活物質（H^+）。
電池反応の化学反応式は両極の活物質の反応を表すので、Cu は登場しない

1-7 電池の基礎知識③ 酸化還元反応

酸化反応とは、一義的には物質が酸素と化合する反応をいい、**還元反応**とはその逆で物質から酸素が失われる反応をいいます。ただし、酸化・還元の定義は酸素をやりとりしない反応にも拡張され、水素が奪われる反応も酸化であり、水素と化合する反応は還元です。さらに、酸素や水素のやりとりがなくても、電子を失う反応は酸化、電子を受け取る反応は還元と定義されています。そして、酸化反応と還元反応は必ずセットで起こります。

酸化・還元の定義をボルタ電池の化学反応に当てはめると〈➡ p22、p26〉、負極の亜鉛は電子を失って亜鉛イオンになるので亜鉛の酸化反応、正極の水素イオンは電子を得て水素原子（→水素分子）になるので水素イオンの還元反応です。つまり、負極では酸化反応が進み、正極では還元反応が進みます。化学電池は、別々の電極で起こる**酸化還元反応**によって電力を生み出す装置といえます。

自然に起こる酸化還元反応のほとんどは発熱反応であり、自発的に進行します。化学電池はその際に放出されるエネルギーを、熱ではなく電気として取り出しているのです。

●酸化剤は還元し、還元剤は酸化する

では、電池における**酸化剤**と**還元剤**はそれぞれ何でしょうか。酸化剤とは他の物質を酸化させ、自分自身は還元される物質をいいます。逆に、還元剤とは他の物質を還元させ、自分自身は酸化される物質です。

ボルタ電池の場合、酸化されるのは亜鉛（負極活物質）で、還元されるのは水素イオン（正極活物質）です。ということは、水素イオンが酸化剤で、亜鉛が還元剤ということになります。ボルタ電池における、酸化還元反応に関与する物質について、表1-7-1にまとめました。

●水素イオンの実体はヒドロニウムイオン

ボルタ電池の電解液は希硫酸で、含まれる水素イオンは正極活物質として

働きます。しかし実をいえば、水素イオンは水分子と結合し、H_3O^+（**ヒドロニウムイオン**または**オキソニウムイオン**）の形で存在しています。

$H^+ + H_2O \rightarrow H_3O^+$　（図 1-7-1）

希硫酸中では、

$H_2SO_4 + 2H_2O \rightarrow 2H_3O^+ + SO_4^{2-}$

のように電離しており、正極で起こる反応は実際は次のようになります。

《正極》$2H_3O^+ + 2e^- \rightarrow H_2\uparrow + 2H_2O$

表 1-7-1　ボルタ電池における酸化と還元

電極	負極	正極
電極物質	亜鉛	銅
活物質	亜鉛	水素イオン
酸化・還元反応	亜鉛が酸化される	水素イオンが還元される
酸化剤・還元剤	酸化剤は水素イオン、還元剤は亜鉛	

図 1-7-1　ヒドロニウムイオン

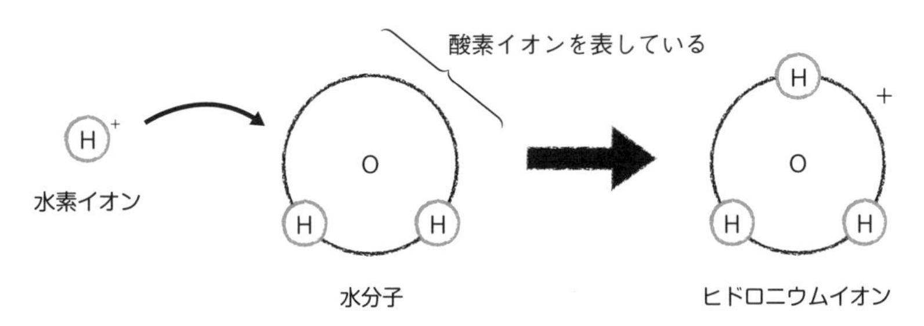

水素イオンは、水分子と結合してH_3O^+（ヒドロニウムイオン）になる

↓

希硫酸に限らず、水溶液中の水素イオンは単独では存在せず、ヒドロニウムイオンの形で存在する

↓

厳密にいうと、ヒドロニウムイオンはさらに水和された$H_5O_2^+$や$H_9O_4^+$という形でも存在している（本書では、簡略化するために水素イオン（H^+）で表している）

1-8 電池の基礎知識④ 水素発生による電圧の低下

電池の**起電力**とは、正極と負極の**電位差**（電圧）をいいます。ボルタ電池では、理論的起電力は0.76Vです〈➡p42〉。ところが、電池を回路につないだばかりのときの起電力は1.1Vあり、本来の起電力より大きくなります。

なぜ、起電力が理論値より大きいのか。それは、当初の銅板の表面は酸化されて酸化銅の被膜に覆われていることが原因です。酸化銅が希硫酸に溶け出し、生じた銅イオンが電子を受け取って銅になる反応が起こると考えられます。このときの酸化銅の還元反応は、

$Cu_2O + 2H^+ + 2e^- \rightarrow 2Cu + H_2O$

になります。つまり、酸化銅の還元反応に必要な電子が移動するために、そのぶん起電力が大きくなるのです。したがって、酸化皮膜の還元が終了すると、起電力は0.76Vに低下します。

●水素過電圧による起電力の低下

ところがボルタ電池の電圧低下はそれで収まらず、すぐさま0.4Vにまで下がってしまいます。現在の乾電池の起電力が1.5Vほどなので、その3分の1から4分の1しかありません。

電圧低下の理由として、水素の発生が挙げられます。かつては、一度正極の銅板で発生した水素分子が、銅よりもイオン化傾向が高いために再び水素イオンにもどることで銅板に電子が増え電圧が下がる、と説明していました。

しかし、電圧低下の真の原因は**水素過電圧**（表1-8-1）にあります。水素過電圧とは、水素イオンが電子を受け取って、水素イオン→水素原子→水素分子（水素ガス）になるまでに発生する電位差をいい、水素ガスが発生するための**活性化エネルギー**に相当します。活性化エネルギーとは、化学反応が開始されるために必要な最小エネルギーをいいます（図1-8-1）。

つまり、ボルタ電池では、正極で水素が発生することによって生じる水素過電圧の0.3～0.4Vが消費されるために、起電力がそれだけ低下し、約0.4Vになるのです。また、正極で発生した水素の気泡が電極にまとわりつき、電

極と水素イオンの接触を妨げることも内部抵抗として働き、電圧を低下させる要因となっています。

いずれにしろ、ボルタ電池では発生する水素が著しく起電力を低下させ、電池の寿命を短くさせます。このような電池の電圧が急激に低下する現象を**分極**といいます。現在の化学電池の原型になったのがダニエル電池であり、ボルタ電池でないのは、水素による分極という欠点があったからです。

表 1-8-1　純粋な希硫酸中の水素過電圧

金属	水素過電圧（V）	金属	水素過電圧（V）
白金（Pt）	0.005	銅（Cu）	0.4
金（Au）	0.02	亜鉛（Zn）	0.9
ニッケル（Ni）	0.2	鉛（Pb）	1.1
鉄（Fe）	0.3	水銀（Hg）	1.1

※電流密度が 1mA/cm^2 でのおよその値
※水素過電圧が大きいほど水素が発生しにくい
※銅と亜鉛では、銅のほうが水素過電圧が小さいので亜鉛より水素が発生しやすい

図 1-8-1　$2H^+ + 2e^- \rightarrow H_2 \uparrow$ の活性化エネルギー

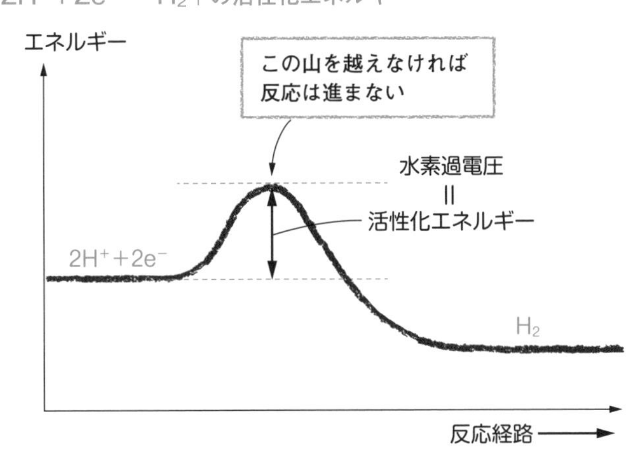

活性化エネルギー＝化学反応が始まるのに必要な最小エネルギー
↓
反応が始まるために越えなければならない障壁

1-9 ダニエル電池のしくみ

世界初の化学電池であるボルタ電池は、取り出せる電流が小さく、すぐに電圧が低下するなど、実用に適さない代物でした。その欠点を1つ1つ改善することで、化学電池が進歩していきました。

ボルタ電池を改良して、世界で初めて実用的な化学電池を作ったのは、イギリスの化学者ジョン・フレデリック・ダニエル（1790–1845）です。彼が1836年に発明した**ダニエル電池**は、ボルタ電池と同じ亜鉛と銅を電極にしていました。

しかし、電解質（電解液）を負極用と正極用の2種類使用したこと、そしてその2液を素焼きの容器で分離した点が異なっていました（図1–9–1）。ただし、素焼きには微小な穴が無数に空いており、2液は急激には混合しないものの、穴を通して接触しています。この穴を通ってイオンが移動し、2液も非常にゆっくり混ざり合います。なお、一般に2液を隔てる隔壁を**セパレータ**といいます。

●ダニエル電池の電池反応

ダニエル電池の負極側では硫酸亜鉛溶液に亜鉛棒が挿入され、正極側では硫酸銅溶液に銅板が挿入されています。電池式で表すと次のようになります。

《電池式》$(-)Zn|ZnSO_4||CuSO_4|Cu(+)$

素焼きで2液が遮断されているので、ここでは二重線を引いています。

負極では、亜鉛が溶解し、亜鉛イオン（Zn^{2+}）が電解質の硫酸亜鉛溶液中に拡散し、電子が亜鉛棒に残ります。亜鉛棒上にあふれた電子は回路を移動して、正極の銅板に達します。正極側の電解質である硫酸銅溶液中の銅イオンが次々と電子を受け取り、金属の銅となって析出します（図1–9–2）。

以上を化学反応式で表すと、次のようになります。

《負極》$Zn \rightarrow Zn^{2+} + 2e^-$

《正極》$Cu^{2+} + 2e^- \rightarrow Cu$

《反応全体》$Zn + Cu^{2+} \rightarrow Zn^{2+} + Cu$

ボルタ電池では水素ガスが発生することで分極が生じましたが、ダニエル電池では電解質に希硫酸を用いず、両極で水素ガスは発生しません。

なお、ダニエル電池の負極活物質は亜鉛（＝還元剤）、正極活物質は銅イオン（＝酸化剤）になります。また、ダニエル電池の起電力は1.1Vで、これはボルタ電池の放電開始時の起電力と同じです。なぜ1.1Vになるかについてはp42で説明します。

図 1-9-1　ダニエル電池の構造

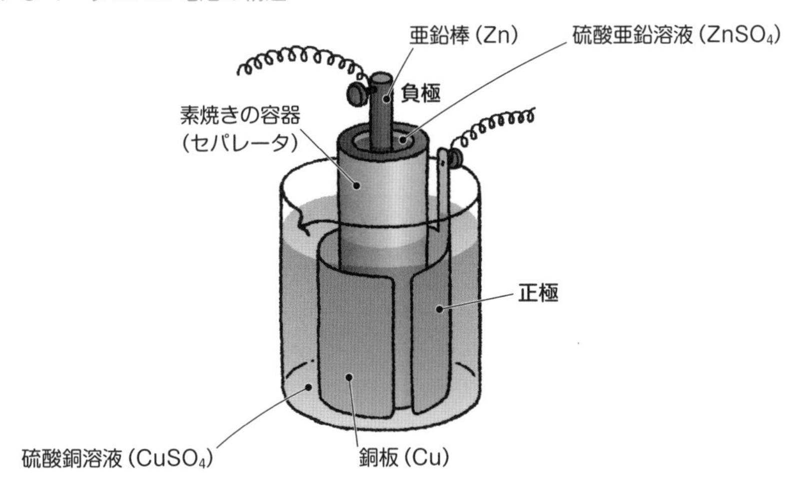

図 1-9-2　ダニエル電池のしくみ

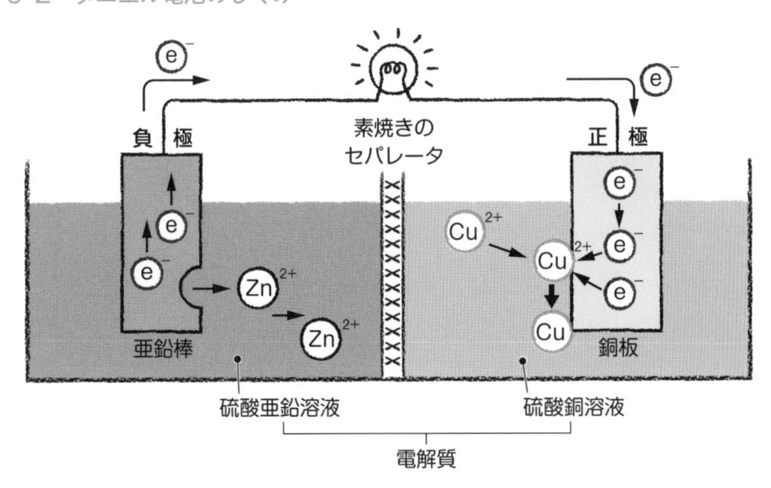

●素焼きセパレータの役割

電池反応が進むと、負極の電解質中で亜鉛イオンの濃度が高くなり、電解質が正電荷を帯びることになります。そのため、電解質の**電気的中性の原理**（電荷中性条件）により、亜鉛イオンが正極側へ移動するか、もしくは正極側の硫酸イオン（SO_4^{2-}）が負極側へ移動することになります。電気的中性の原理とは、その名のとおり、どんなイオンが含まれていても溶液全体における正負の電荷の総和が0に保たれるということです。

一方、正極側でも事情は同じで、電池反応が進むと電解質中の銅イオンの濃度が低くなり、電解質が負電荷を帯びることになります。それを防ぐためには、亜鉛イオンが負極側から移動してくるか、もしくは硫酸イオンが負極側へ移動することが必要になります。

その結果、うまく作られたダニエル電池では、負極側から正極側へ移動するのは亜鉛イオン、正極側から負極側へ移動するのは硫酸イオンがほとんどになります（図1-9-3）。このように、素焼きのセパレータは2つの電解液を分離する役割を持ちながら、正負のイオンの通り道になっているのです。

●なぜ電解質を2種類使うのか

ボルタ電池のように電解質に希硫酸のみを用いれば、水素ガスが発生し分極が生じてしまいます。では、電解質を硫酸亜鉛溶液のみ、もしくは硫酸銅溶液のみにすればどうでしょうか。

まず、電解質を硫酸亜鉛溶液のみにした場合、正極では何の化学反応も起こらないので、電流は流れません。

次に、電解質を硫酸銅溶液のみにした場合ですが、イオン化傾向の大小から、負極の亜鉛が溶け出して亜鉛イオンになり、亜鉛棒上に残された電子を銅イオンが受け取って析出します。ボルタ電池で亜鉛板からも水素が発生したのと同じ原理です。

これはつまり、亜鉛棒に負極と正極ができて、それが亜鉛棒という導電体で短絡された電池反応といえます。このような微小な電池を**局部電池**といい、局部電池で放電することを**自己放電**といいます（図1-9-4）。なお、電解質を硫酸亜鉛溶液と硫酸銅溶液の混合液にした場合も同様です。

そこで電解質を2液にして、かつそれらが混合しないように素焼きのセパレータで遮断することによって、電池反応が継続して起こるように工夫されたのがダニエル電池なのです。しかし、実際にはわずかながらも銅イオンも通過するために、亜鉛棒上で銅イオンによる自己放電が生じ、ダニエル電池の起電力は徐々に低下していきます。銅イオンの移動を完全に遮断するためには、イオン選択性高分子膜などの高度な材料を使う必要があります。

図 1-9-3　セパレータを通過するイオン

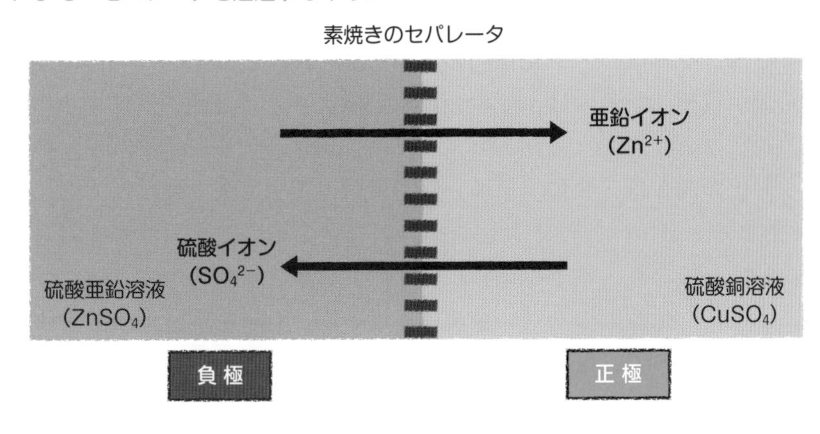

図 1-9-4　局部電池と自己放電

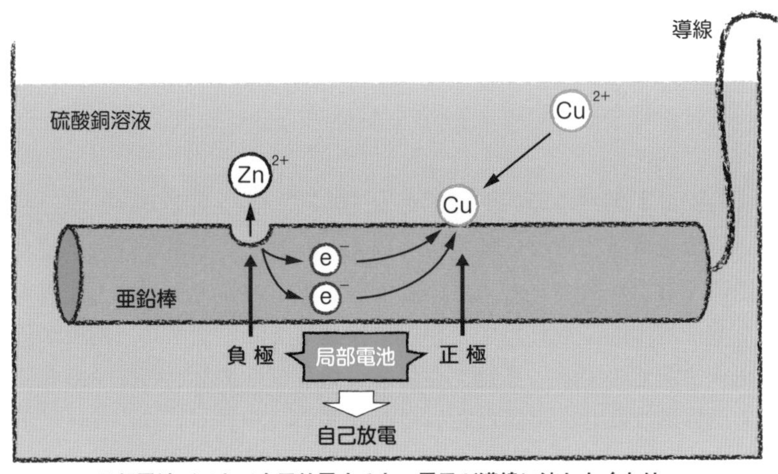

局部電池ができて自己放電すると、電子が導線に流れなくなり、
電池から電流が取り出せない

1-10 イオン化傾向は何で決まるか

異なる2種類の金属を電極にして化学電池を作った場合、どちらが負極になり、どちらが正極になるのでしょうか。ダニエル電池では、亜鉛板と銅板のうち、亜鉛板が負極、銅板が正極になります。しかし、これをもって「亜鉛はいつも負極、銅はいつも正極」と考えるのは大きな誤りです。すでに述べたように、それは**イオン化傾向**の大小によって決まります。ダニエル電池で亜鉛板が負極になるのは、亜鉛のほうが銅よりイオン化傾向が大きいからです。

イオン化傾向とは、金属（単体）が溶液中で電子を失って陽イオンになる「なりやすさ」をいい、イオン化傾向が大きい金属のほうが電解液に溶け出して陽イオンになり、電子を電極に残すので負極になるのです。

逆に、イオン化傾向の小さい金属のイオンほど電子を受け取って金属にもどろうとしますので、硫酸銅溶液に亜鉛を入れると、亜鉛の表面に銅が析出して付着します。

イオン化傾向の大小で金属元素を並べた序列を**イオン化列**といいます。イオン化列に水素が入っているのは、水素が金属と同様に陽イオンになるためですが、水素が入ることによって、金属が水に溶けるかどうかがおおまかにわかります。また、水素よりイオン傾向が小さい金属は基本的に酸化力を持たない酸には溶けません〈➡ p25・表 1-5-1〉。

●相手によって負極になるときも正極になるときもある

銅板と銀板を導線でつないで食塩水に入れると、ごく弱い電流が流れます。化学電池になったからですが、このとき銅がほんのわずか溶け、銅板からあふれ出た電子が導線に流れ出て、銀板に移動します。つまり、銅板が負極、銀板が正極になるのです。また、亜鉛とマグネシウムを電極にすると、マグネシウムが負極になり、亜鉛は正極になります。

図 1-10-1 に、3種類の異なる金属板のうちの2つを検流計につないで、流れる電流の向きから、それぞれの金属片の正体を当てる問題を示しました。

これを見てもわかるように、ある金属が負極になるか正極になるかは、ペアを組む相手次第で決まり、基本的に正負どちらの電極にもなり得るのです。

イオン化傾向と酸化還元反応の関係は、イオン化傾向の大きいほうの金属が還元剤として働き、自身は酸化されます。逆に、イオン化傾向の小さいほうの金属は酸化剤として働き、自身は還元されます。銅と銀の場合だと、銅が還元剤、銀が酸化剤になるわけです。

図 1-10-1　イオン化傾向の理解を問う問題

これは「平成 29 年度大学入試センター試験」の「化学」で実際に出題された問題の内容はそのままに表現を変えたもので、イオン化傾向の理解を問うていますので、挑戦してみてください。

食塩水で湿らせたろ紙の上に 3 種類の金属板 A～C を並べ、そのうちの 2 枚を検流計に接続して、電流が流れた向きを表に示した。A～C はマグネシウム、亜鉛、銅のいずれかである。A～C の金属名を答えなさい。

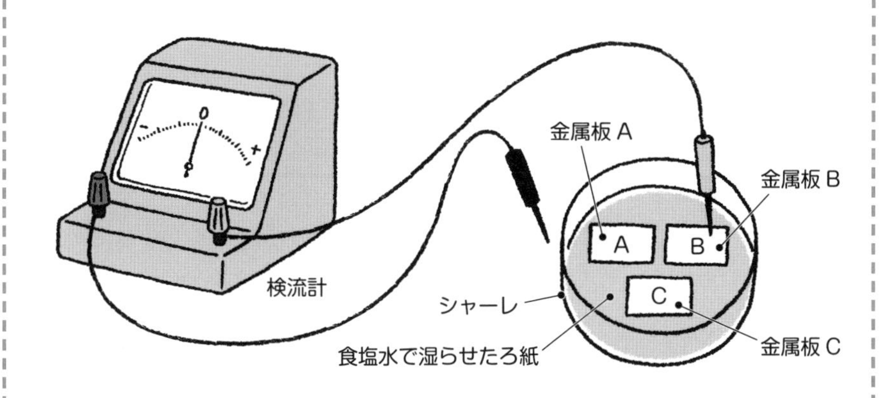

黒端子側の金属板	白端子側の金属板	検流計を流れた電流の向き
A	B	B → A
B	C	B → C
A	C	A → C

答えは、A：亜鉛　B：銅　C：マグネシウム

金や白金などの貴金属は、長期間放置しておいても錆びません。だからこそ値打ちがあり高価なのですが、錆びない理由はイオン傾向が非常に小さいからです。

●金属が陽イオンになるときに必要なエネルギー

では、イオン化傾向はどのように決まるのでしょうか。それにはまず、金属がどのような過程を経てイオンになるのかを知る必要があります。一般に、金属は結晶構造をとっていますので、1個のイオンになるためには金属原子1個が結晶からはがれなければなりません。

簡単に経過を述べると、金属はまず❶環境中から**昇華熱**を得て、ガス化した金属原子になります。そして、次に❷**イオン化エネルギー**を得て、ガス状金属イオンになり、続いて❸**水和熱**を放出して水分子と結合し、(水和)金属イオンになります(図1-10-2)。

なお、イオン化エネルギーは原子から電子を取り去るのに必要なエネルギーなので、亜鉛のように2価の陽イオン(Zn^{2+})になる場合は、イオン化エネルギーは2段階あり、第1イオン化エネルギーを得て電子を1個放出し、第2イオン化エネルギーを得て、2個めの電子を放出します。

なお、図1-10-3は、原子番号20番のCa(カルシウム)までの元素における第1イオン化エネルギーを示しています。

以上より、金属がイオンになって溶け出すときの反応熱Qは、昇華熱をQ_1、イオン化エネルギー(1次と2次の合計)をQ_2、水和熱をQ_3とすると、

$$Q = Q_3 - (Q_1 + Q_2)$$

となります(図1-10-2)。

●イオン化エネルギーとイオン化傾向

この反応熱Qが、$Q>0$(発熱反応)であれば、反応が自然に進むことになります。イオン化傾向は、この反応熱Qで決まり、反応熱Qが大きいほど、生成物である金属イオンが熱力学的に安定し、イオン化傾向が大きいことを表します。

したがって上式より、水和熱Q_3が大きいほど、また昇華熱Q_1とイオン化エネルギーQ_2が小さいほど、イオン化傾向が大きいことがわかります。

イオン化傾向とイオン化エネルギーは混同しやすい語句ですが、イオン化傾向は金属原子が水和イオンになるまでのすべての過程を含んだ尺度であり、イオン化エネルギーはその一部です。

図 1-10-2　亜鉛が亜鉛イオン（水和）になるときのエネルギー

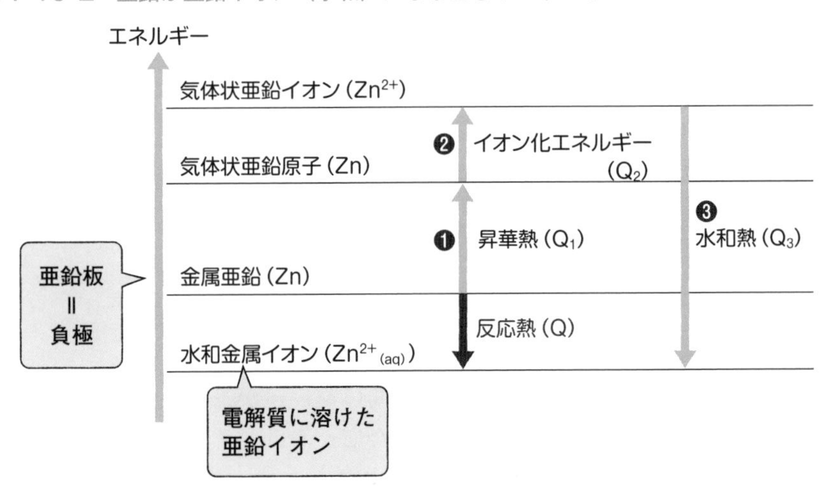

図 1-10-3　第 1 イオン化エネルギー

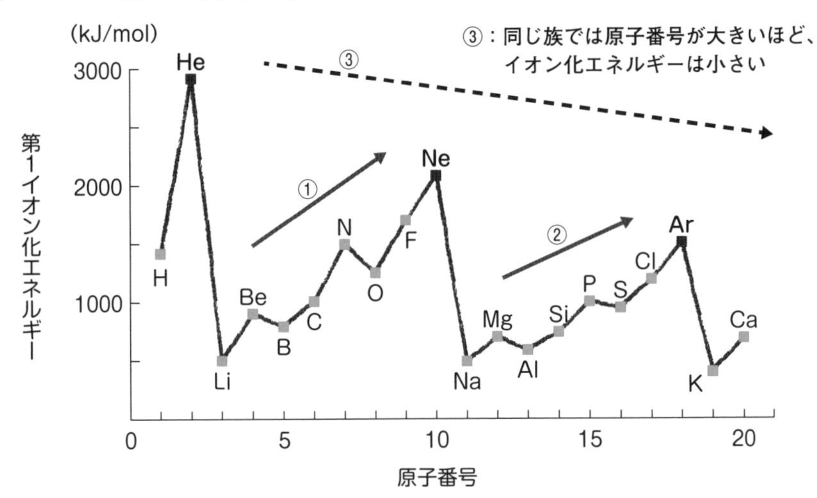

1-11 標準電極電位でイオン化傾向を知る

金属のイオン化傾向は、結晶状態から陽イオンになるまでの反応熱の大小で比較できます〈➡ p38〉。しかし、イオン化傾向を具体的な数値で表すことは困難です。というのは、イオン化傾向は溶液の温度やpH、濃度、共存するイオンなど、多数の要因に複雑に影響されるためです。

もっとも、各金属を用いた電極の**標準電極電位**を求め、それらを比較してイオン化傾向の大小を決めるという方法があります。標準電極電位の大きさ順に金属を並べると、イオン化列と一致するのです。これについて説明しましょう。

●標準水素電極を利用した電極電位の測定

溶液に金属を入れると、溶液と金属の間に電位差が生じます。水素よりイオン化傾向が大きい金属を酸に浸すと、金属が溶けてイオンになり、金属が電極となります。これが化学電池の根本原理ですが、2つの電極で構成された電池の起電力は測定できるものの、1つの金属単独では電位（**半電池**の起電力）は測定できません。半電池とは、2つの電極のうち、導線でつなぐ前のどちらか一方の電極を示した言葉です。半電池で起こる化学反応を**半反応**といいます。

半電池の電位は測定できないので、ペアを組む電極として**標準水素電極**を用いて電位差をはかります。そして、標準水素電極の電位を0と定義して、金属の半電池起電力を決めるという方法をとります。

水素電極は、水素イオンを含む溶液中に白金板を浸し、水素ガス（水素分子：H_2）を送って気泡を白金に接触させる構造をしています（図1-11-1）。白金が用いられるのは、イオン化傾向が小さく、反応性が低いことに加えて、水素ガス→水素イオンの触媒効果が高いためです。

水素ガス（H_2）は白金の表面に吸着すると分解されて水素原子（H）になり、溶液中の水素イオンと平衡状態になります。これが水素電極です。

$H_2 \rightleftarrows 2H^+ + 2e^-$ （平衡）

そして、標準電極電位を測定したい電極とつないだとき、水素電極の起電力は水素イオンの還元で発生します。

$2H^+ + 2e^- \rightarrow H_2$

水素電極の電位は水素イオンの**活量**によって決まるので、水素ガスを1気圧、溶液中の水素イオンの活量を1に調整します。これを**標準状態**とすると、標準状態の水素電極が標準水素電極です。水素イオンの活量とは、実際に酸

図 1-11-1　水素電極の構造（例）

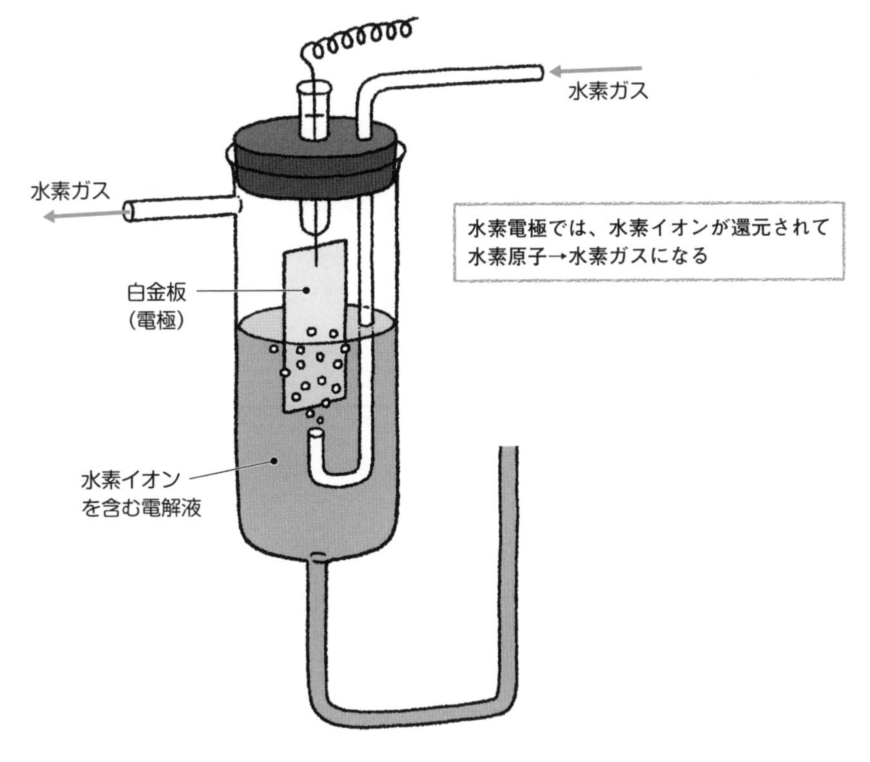

水素ガス（H_2）が白金の表面に吸着

↓

分解されて水素原子（H）になり、電解液中の水素イオンと
平衡状態になる＝水素電極

↓

標準電極電位を測定したい電極とつなぐと、水素イオンの還元に
より水素電極の起電力が発生する

化還元反応に寄与するイオンの濃度をいい、つまりは実効濃度です。その活量が1ということは、水素イオンの濃度と実効濃度が同じことを意味し、希薄なイオン溶液は活量が1になります。

●電池の起電力は標準電極電位でわかる

標準水素電極を負極とし、任意の金属を正極として電位差をはかります。このとき、標準水素電極の電位を0Vと定義して表した金属電極の値が標準電極電位（**標準酸化還元電位**ともいう）になります。

亜鉛の標準電極電位は −0.763Vですが、正確にいうと、これは電位差なので、「水素と水素イオンの間で生じる電位より0.763V低い値」であることを示します。この0.763Vが、ボルタ電池の理論電圧（起電力）になります（後述）。

実際に水素電極と金属電極で電池を作ると、水素よりイオン化傾向の大きな金属が陽イオンになって電子を放出するので、金属電極のほうが負極になり、標準電極電位はマイナスの値になります。

標準電極電位の値が負で、その絶対値が大きい元素ほど酸化されやすく、したがって陽イオンになりやすいといえます。逆に、標準電極電位の値が正で、その絶対値が大きい元素ほど陽イオンになりにくく、その酸化物は還元されやすくなります。標準電極電位を小さいもの順に並べたものを**電気化学列**といい、この電気化学列がイオン化列と一致します（表1-11-1）。

●ボルタ電池とダニエル電池の起電力の違い

では、ダニエル電池の理論電圧（起電力）がいくらになるか、計算してみましょう。

ダニエル電池では、負極の亜鉛の標準電極電位が −0.763Vで、正極の銅の標準電極電位が +0.337Vになります。電池の起電力は、正極の電位から負極の電位を引いたものになりますので、したがって両者の電位差は、

$$0.337 - (-0.763) = 1.1 (V)$$

これがダニエル電池の理論的起電力になります。

なお、ボルタ電池との違いは、ボルタ電池の場合は電解質が希硫酸なので、正極の活物質は銅イオンではなく、水素イオンになります。したがって、亜

鉛と水素の標準電極電位の差になりますので、ボルタ電池の起電力は、
$-(-0.763) = 0.763(V)$
になります。

表 1-11-1　イオン化列と標準電極電位

イオン化列	標準電極電位（V）	半反応式
Li	−3.045	$Li^{+} + e^{-} \rightarrow Li$
K	−2.925	$K^{+} + e^{-} \rightarrow K$
Ca	−2.840	$Ca^{2+} + 2e^{-} \rightarrow Ca$
Na	−2.714	$Na^{+} + e^{-} \rightarrow Na$
Mg	−2.356	$Mg^{2+} + 2e^{-} \rightarrow Mg$
Al	−1.676	$Al^{3+} + 3e^{-} \rightarrow Al$
Zn	−0.763	$Zn^{2+} + 2e^{-} \rightarrow Zn$
Fe	−0.440	$Fe^{2+} + 2e^{-} \rightarrow Fe$
Ni	−0.257	$Ni^{2+} + 2e^{-} \rightarrow Ni$
Sn	−0.138	$Sn^{2+} + 2e^{-} \rightarrow Sn$
Pb	−0.126	$Pb^{2+} + 2e^{-} \rightarrow Pb$
(H)	0.000	$2H^{+} + 2e^{-} \rightarrow H_2$
Cu	+0.337	$Cu^{2+} + 2e^{-} \rightarrow Cu$
Hg	+0.789	$Hg_2^{2+} + 2e^{-} \rightarrow 2Hg$ ※
Ag	+0.799	$Ag^{+} + e^{-} \rightarrow Ag$
Pt	+1.188	$Pt^{2+} + 2e^{-} \rightarrow Pt$
Au	+1.520	$Au^{3+} + 3e^{-} \rightarrow Au$

※標準電極電位は右列の半反応式における理論値
※Hg_2^{2+}は水銀イオン（Ⅰ）。２つのHg^{+}が共有結合した二量体

1-12 起電力と標準電極電位をギブズエネルギーから求める

実験で測定する以外に、**ギブズエネルギー**の値から理論的に電池の起電力（電圧）と標準電極電位を求める簡単な方法を紹介します。ギブズエネルギーとは、いわば物質が持つ自由に取り出せる化学エネルギー（図1-12-1）のことで、**ギブズ自由エネルギー**ともいいます。

化学反応の前後でギブズエネルギーが減少していれば、その分が反応熱などになって外部へ放出されたことを意味しますが、電池の場合は電気エネルギーとして取り出されたと考えられます。電気エネルギーは、流れ出た電子のモル数をn、**ファラデー定数**（電子1molあたりの電気量）を96500C（クーロン）、電子の電位をE(V)とすると、－[96500×n×E]（単位はJ：ジュール）…①になります。①式より、電池の起電力と電極物質の標準電極電位が求まります。ただし、化学反応で変化する**反応ギブズエネルギー**の値は、化学便覧等の文献から得られる**標準生成ギブズエネルギー**から算出します。

●起電力（電圧）と標準電極電位の導出

ダニエル電池の起電力を計算してみましょう。ダニエル電池の電池反応式は、次のように表されました〈➡ p32〉

《反応全体》 $Zn + Cu^{2+} \rightarrow Zn^{2+} + Cu$

ここで、文献より標準生成ギブズエネルギーは、Cu^{2+}が65.49kJ/mol、Zn^{2+}は－147.1kJ/molです。標準生成ギブズエネルギーとは、標準状態（0℃、1気圧）において、単体から1molのイオン（や化合物）を生成するときに生じるギブズエネルギーをいい、単体のZnやCuは0（ゼロ）です。そして、反応式の右辺の標準生成ギブズエネルギーの合計から左辺の標準生成ギブズエネルギーの合計を引いたものが、反応ギブズエネルギー（＝電池から取り出した電気エネルギー）になります。

したがって、ダニエル電池の反応ギブズエネルギーは、－147.1－65.49＝－212.59（kJ/mol）になり、これを上記の①式に代入します（図1-12-2）。なお、電子は2mol（n＝2）生じるので、

$-212590 = -96500 \times 2 \times E$ より、$E \fallingdotseq 1.1$（V）
となり、これがダニエル電池の起電力になります。また、ダニエル電池の負極と正極では、《負極》$Zn \rightarrow Zn^{2+} + 2e^-$、《正極》$Cu^{2+} + 2e^- \rightarrow Cu$ の反応が起こるので、先ほどの $Zn^{2+} = -147.1$kJ/mol、$Cu^{2+} = 65.49$kJ/mol を①式に代入して、Zn の標準電極電位は -0.76V、Cu は 0.34V と求まります。

図 1-12-1　ギブズエネルギー

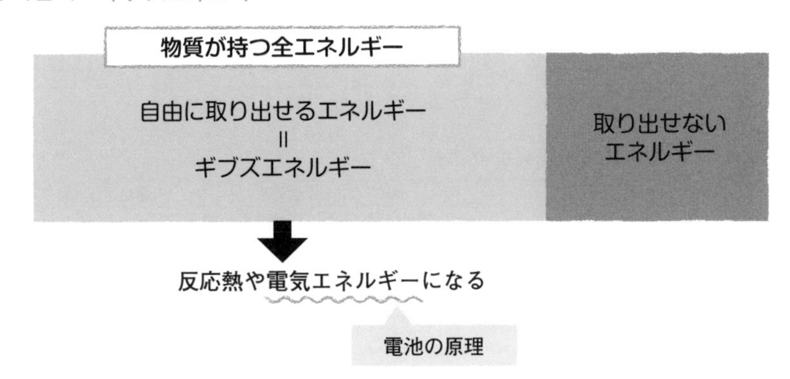

図 1-12-2　ダニエル電池の起電力の導出

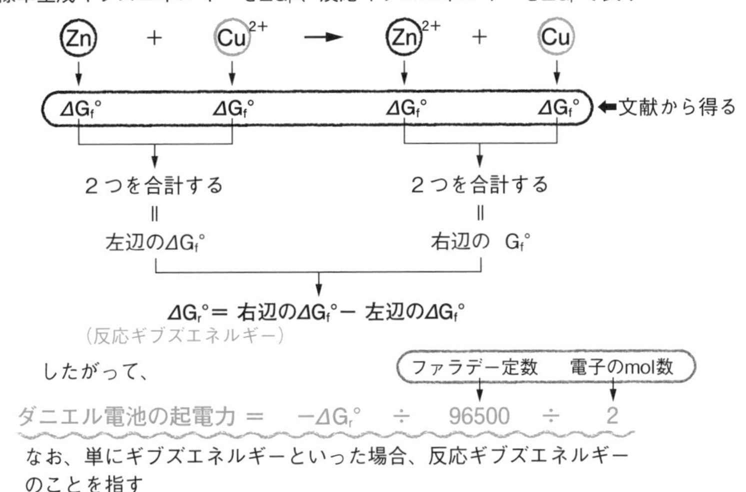

※ΔG_f°の下付きの「f」は「formation」、上付きの「°」は基準状態（活量が1）を表し、ΔG_r°の「r」は「reaction」を表す

二次電池の研究開発における国家的プロジェクト

現在、世界はまさに二次電池開発戦国時代のまっただ中にあります。先進各国はより高性能で、より耐久性が高く、より安全な次世代二次電池の開発にしのぎを削っています。

そうした中、オールジャパンで次世代二次電池の主導権を握ろうと旗を振っているのが、経済産業省所管の国立研究開発法人・**新エネルギー・産業技術総合開発機構**（通称：**NEDO**）です。下に、NEDOが過去から現在まで進めてきた二次電池関連のプロジェクトを掲載しました。なお、NEDOは研究機関ではなく、委託事業や助成事業を行っています。

■NEDOによる二次電池関係のプロジェクト

プロジェクト	概要（二次電池関連のみ）	開始年度	終了年度
太陽光発電システム等国際共同実証開発事業	太陽光発電と蓄電システムの連携効率化の実証開発など	1992	2010
エネルギー消費の効率化等に資する我が国技術の国際実証事業	蓄電池の送電・配電併用運転実証開発など	1993〜	
燃料電池自動車等用リチウム電池技術開発	燃料電池車搭載用構成のリチウムイオン電池の開発	2002	2006
集中連系型太陽光発電システム実証研究	太陽光発電の出力抑制対策における蓄電池の活用開発など	2002	2007
風力発電電力系統安定化等技術開発	風力発電の出力変動を抑える蓄電技術の開発など	2003	2008
系統連系円滑化蓄電システム技術開発	再生可能エネルギーの電力平準化用の蓄電システム開発	2006	2010
風力発電系統連系対策助成事業	蓄電システム開発のため風力発電量と気象データの取得・分析	2007	2011
次世代自動車用高性能蓄電システム技術開発	電気自動車等に搭載する高性能・低コストな蓄電池の開発	2007	2011
新エネルギー等のシーズ発掘・事業化に向けた技術研究開発事業（旧：ベンチャー企業等による新エネルギー技術革新支援事業）	再生可能エネルギーの普及に資する蓄電池の開発など	2007〜	
革新型蓄電池先端科学基礎研究事業（RISING）	革新型蓄電池の実現に向けた基礎的な反応メカニズムを解明	2009	2015
蓄電複合システム化技術開発	先進スマートコミュニティ実現のための蓄電池システムの開発	2010	2014
次世代蓄電池材料評価技術開発	材料の蓄電池への適合性における新規評価手法の開発	2010	2014
安全・低コスト大規模蓄電システム技術開発	低コスト・長寿命・安全性を追求した大規模蓄電システムの開発	2011	2015
リチウムイオン電池応用・実用化先端技術開発事業	リチウムイオン電池の性能・安全性向上のための技術開発	2012	2016
先進・革新蓄電池材料評価技術開発	先進リチウムイオン電池や革新型電池の材料評価技術の開発	2013	2017
革新型蓄電池実用化促進基盤技術開発（RISING2）	高いエネルギー密度や安全性を持つ次世代蓄電池の試作など	2016	2020
先進・革新蓄電池材料評価技術開発（第2期）	全固体リチウムイオン電池の試作とその試験評価法の開発	2018	2022

第2章

乾電池と二次電池

「電池の性能」とは具体的に何を指すのでしょうか?
取り出せる電気の強さでしょうか、量でしょうか?
それとも充電できることでしょうか?
本章では、最も身近な電池である乾電池を例にとりながら、
電池の性能について解説します。
そして、なぜ一次電池が充電できないのか、
逆にいえば、なぜ二次電池が充電できるのかについて説明します。

2-1 乾電池の構造としくみ

乾電池は私たちに最も馴染みのある化学電池の1つです。その乾電池の代表格であるマンガン乾電池とアルカリマンガン乾電池の構造と電池反応について紹介しておきましょう。

乾電池とは、液体の電解質をペースト状にしたり、紙や綿などの固体物質に含ませるなどして液漏れが発生しないようにした**一次電池**をいいます。国内外の多くのメーカーが生産しており、**放電**の基本原理は共通ですが、構造や成分に違いが見られます。ここでは、一般的な仕様のものを取り上げます。

●マンガン乾電池（一次電池）の構造

乾電池のうち、最も安価で、百円ショップで単3サイズのものが5本入りで売られていることも多いのが**マンガン乾電池**（単に**マンガン電池**ともいう）です。

マンガン乾電池は、負極および負極活物質に亜鉛、正極活物質に二酸化マンガン、電解質に塩化亜鉛溶液を用いた一次電池です。電解質に塩化アンモニウム溶液、または塩化亜鉛と塩化アンモニウムの両方の溶液を用いた製品もあります。

マンガン乾電池のいちばん外側を包む金属製外装缶（金属ジャケット）をはぎ取ると、絶縁体が巻かれており、その中に円筒状の亜鉛ケースがおさめられています。この亜鉛ケースが負極になります。

亜鉛ケース内には、電解質の塩化亜鉛溶液を合成のりでペースト状にして含ませたセパレータをはさんで、二酸化マンガン、炭素の粉末、塩化亜鉛溶液（電解質）などを混ぜ合わて練った正極活物質が詰められており、中心に炭素棒が差し込まれています（図2-1-1）。

炭素棒は電極の役目をしますが、電池反応には関係せず、正極活物質と密着して電子の通り道の役割だけを担ってます。このような電極を**集電体**といいます。集電体は導電性が高くて、電池反応に関与せず、また腐食したりしない物質であれば、炭素でなくても構いません。

乾電池の外側のプラス極側にボタン状の突起がついており、正極の端子になっています。その内部直下に集電体の炭素棒が接続されています。

以上より、電解質に塩化亜鉛溶液を用いたマンガン乾電池の電池式は、

《電池式》(−)Zn|$ZnCl_2$|MnO_2・C(+)

と表されます。正極の最後についている「C」は、炭素が集電体として用いられていることを表しており、このように集電体の化学式を活物質の横に付けることもあります。

図 2-1-1　マンガン乾電池の構造

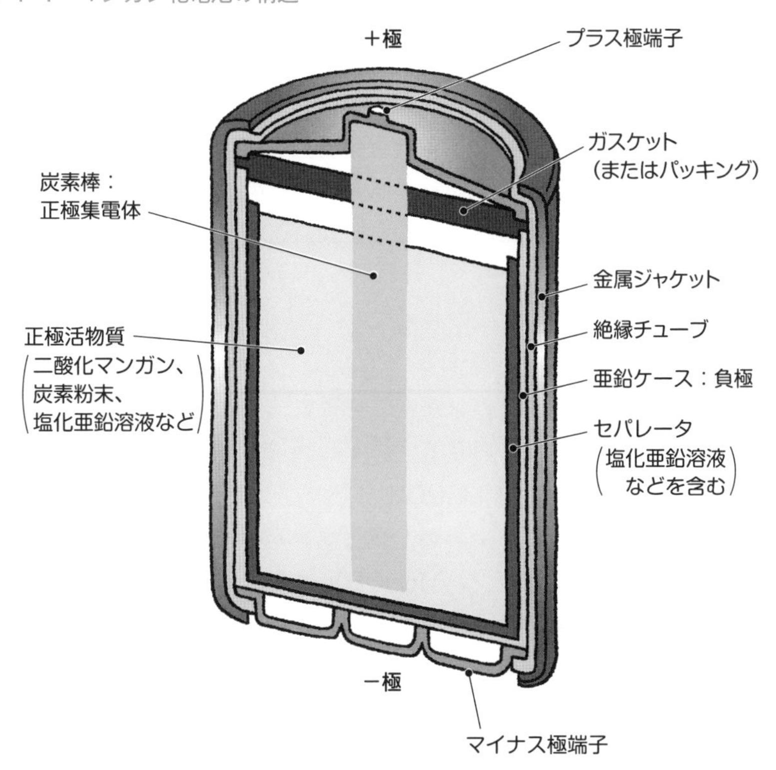

負極・負極活物質に亜鉛、正極活物質に二酸化マンガン、電解質に塩化亜鉛溶液を用いている。正極活物質に炭素粉末が混合されているのは、二酸化マンガンの導電性が高くないためで、それを補助する役目をはたしている

●負極で起こる化学反応

マンガン乾電池の負極では、亜鉛の酸化反応が起こります。亜鉛ケースから亜鉛が溶け出して亜鉛イオンになり、電子が亜鉛ケースに残されます（図2-1-2）。

電解質に塩化亜鉛溶液を用いている場合の、負極で起こる化学反応を進行順に3段階で表すと、

《負極》$Zn \rightarrow Zn^{2+} + 2e^-$

$Zn^{2+} + 2H_2O \rightarrow Zn(OH)_2 + 2H^+$

$4Zn(OH)_2 + ZnCl_2 \rightarrow ZnCl_2 \cdot 4Zn(OH)_2$

これらを1つにまとめると、

《負極》$4Zn + ZnCl_2 + 8H_2O \rightarrow ZnCl_2 \cdot 4Zn(OH)_2 + 8H^+ + 8e^-$

になります。

生成物の$ZnCl_2 \cdot 4Zn(OH)_2$（塩基性塩化亜鉛）は沈殿するので、亜鉛が溶液に溶けるのを邪魔しません。もし、亜鉛イオンのままで溶液内で増えていくと、イオン濃度がどんどん高くなっていき、電極から亜鉛が溶け出しにくくなります。

●正極で起こる化学反応

一方、正極では二酸化マンガンが電子を得て、還元反応が起こります。正極で起こる化学反応は次のとおりです。

《正極》$MnO_2 + H^+ + e^- \rightarrow MnOOH$

ここで重要なのは、水素イオンが二酸化マンガンと結合して水酸化酸化マンガン（オキシ水酸化マンガン、MnOOH）になることです。水素ガスが発生しないので、分極〈➡ p31〉が生じません。

このように、水素イオンを吸収して分極を防ぐ役割をする物質を**減極剤**といいます。正極活物質の二酸化マンガンは減極剤の働きもしていることになります。

正極での化学反応式の両辺を8倍して、負極の反応式の水素イオン・電子の数とそろえると、

《正極》$8MnO_2 + 8H^+ + 8e^- \rightarrow 8MnOOH$

となります。

したがって、負極と正極を合わせたマンガン乾電池の化学反応式は次のようになります。

《反応全体》$4Zn + ZnCl_2 + 8H_2O + 8MnO_2$
$\rightarrow ZnCl_2 \cdot 4Zn(OH)_2 + 8MnOOH$

図 2-1-2　マンガン乾電池の電池反応

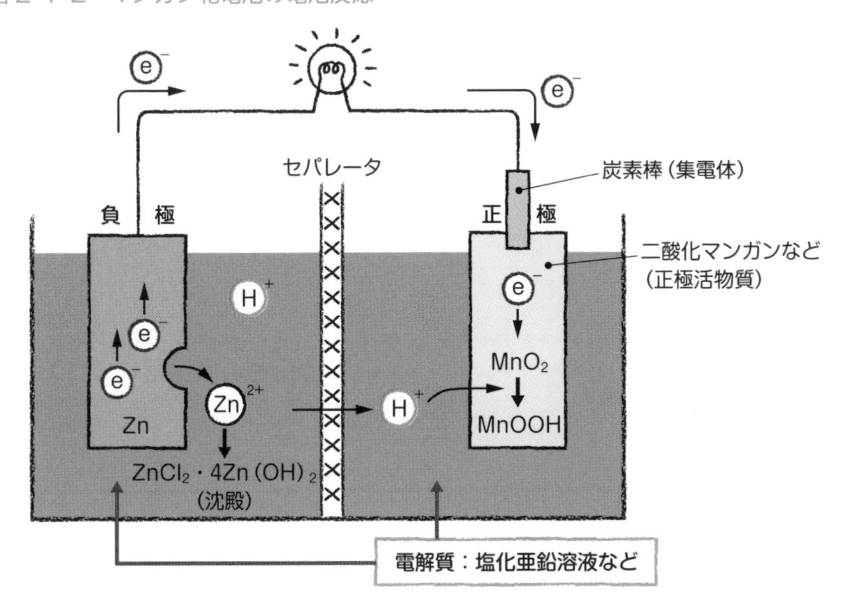

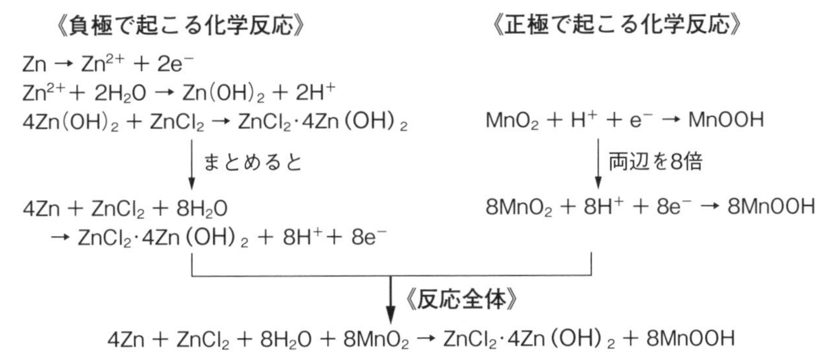

2-2 アルカリマンガン乾電池はなぜ「アルカリ」か

超高性能マンガン乾電池である「黒マンガン」〈➡ p80〉といえども、もはやコンビニで見ることは少なくなりました。現在主流の乾電池は、黒マンガンよりさらに高性能な**アルカリマンガン乾電池**（略して**アルカリ電池**ともいう）です。

アルカリマンガン乾電池は、その名のとおりマンガン電池によく似ており、負極活物質は亜鉛、正極活物質は二酸化マンガンで、マンガン乾電池と同じです。**公称電圧**（**起電力**）も、両者とも1.5Vです。

ただし、負極と正極の構造がマンガン電池と逆になっており、アルカリマンガン乾電池では鉄などの金属ケースを正極の集電体にしています。そしてその中に、正極活物質の二酸化マンガンと炭素の粉末などの混合物がペレット状に成型されて詰められています。

負極活物質は、亜鉛の粉末に水素の発生を防ぐ**減極剤**が混ぜられてゲル状にしたものです。それが、電解質を染みこませたセパレータの内側に詰め込まれて、中心に負極の集電体として、真鍮（しんちゅう）などの棒が挿入されています。もちろん真鍮の棒は負極ですので、電池のプラス端子とはつながっていません(図2-2-1)。

このように、アルカリマンガン乾電池はマンガン乾電池の内と外をひっくり返したような構造をしています。

●アルカリマンガン乾電池には金属ジャケットがない

アルカリマンガン乾電池とマンガン乾電池の構造上の違いはほかにもあり、マンガン乾電池は亜鉛ケースが金属ジャケットにおさめられているのに対して、アルカリマンガン乾電池は金属ケースに絶縁処理がされて、その上にラベルフィルムが巻かれているだけです。

アルカリマンガン乾電池に金属ジャケットがない理由は、亜鉛ケースは電池反応のために変形したり、液漏れを起こしたりする恐れがあるから金属ジャケットで保護しているのであり、頑丈な鉄などの金属缶を正極に使っているアルカリマンガン乾電池はそのままで OK なのです。

なお、以上は円筒形のアルカリマンガン乾電池の構造についての説明ですが、ボタン形も多数販売されていますので、図 2-2-2 にボタン形の構造図も示しました。

図 2-2-1　アルカリマンガン乾電池の構造

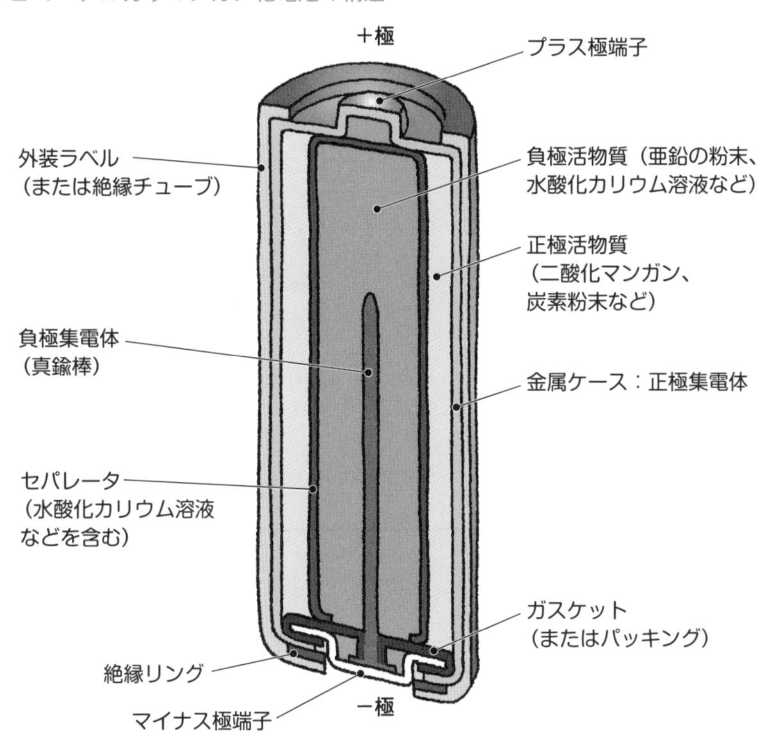

図 2-2-2　ボタン形アルカリマンガン乾電池の構造

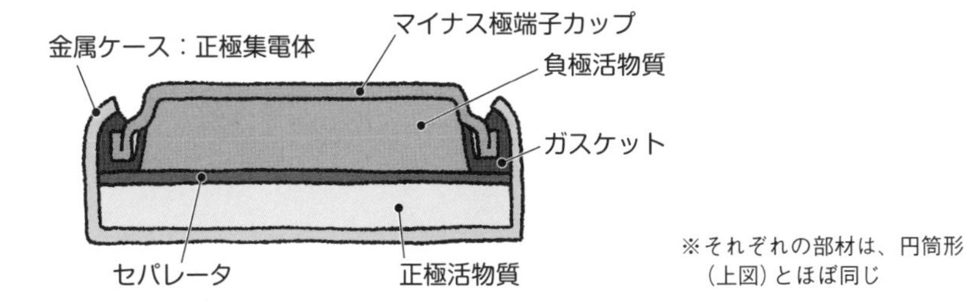

●アルカリマンガン乾電池がマンガン乾電池より高性能な理由

アルカリマンガン乾電池とマンガン乾電池の最大の違いは**電解質**です。そしてそれが両者の性能差の要因の１つとなっています。

マンガン乾電池の電解質は塩化亜鉛溶液もしくは塩化アンモニウム溶液ですが、塩化亜鉛溶液はpH4前後の酸性水溶液であり、塩化アンモニウム溶液は中性もしくは弱酸性の水溶液です。

一方、アルカリマンガン乾電池は水酸化カリウム（あるいは水酸化ナトリウムなど）の強アルカリ性溶液を電解質に使っています。名称の「アルカリマンガン乾電池」もここからきています。

そして、ここが重要な点ですが、アルカリマンガン乾電池では水酸化カリウム（あるいは水酸化ナトリウム）が電離して生じる水酸化物イオン（OH^-）の移動速度が水素イオン（H^+）より速いために、化学反応が速く進みます。これにより、大きな電流が取り出せるのです。

また、アルカリマンガン乾電池の負極活物質は、粉末の亜鉛が詰め込まれているために、亜鉛ケースが負極であるマンガン乾電池より、化学反応が起こる表面積が大きく、また亜鉛の量が多いことも大きな電流を長時間流すことができる要因になっています。

●アルカリマンガン乾電池の電池反応

負極では、亜鉛の酸化反応が起こります。亜鉛が強アルカリ性の電解質に溶け出して亜鉛酸イオン（$[Zn(OH)_4]^{2-}$）になり、電子が集電体に集まります（図2-2-3）。化学反応を進行順に3段階で表すと、次のようになります。

《負極》$Zn + 4OH^- \rightarrow [Zn(OH)_4]^{2-} + 2e^-$

$[Zn(OH)_4]^{2-} \rightarrow Zn(OH)_2 + 2OH^-$

$Zn(OH)_2 \rightarrow ZnO + H_2O$

これらを１つにまとめると、

《負極》$Zn + 2OH^- \rightarrow ZnO + H_2O + 2e^-$

になります。一方、正極では二酸化マンガンが水、電子と反応して、水酸化酸化マンガンと水酸化物イオンになります。

《正極》$MnO_2 + H_2O + e^- \rightarrow MnOOH + OH^-$

したがって、負極と正極を合わせたアルカリマンガン乾電池の化学反応式は、電子と水酸化物イオンを消去するために、正極の反応式の両辺を2倍すると、全体の反応式は、次のようになります。

《反応全体》$Zn + 2MnO_2 + H_2O \rightarrow ZnO + 2MnOOH$

また、正極反応を、

《正極》$MnO_2 + 2H_2O + 2e^- \rightarrow Mn(OH)_2 + 2OH^-$

とし、全体の反応を、次のように表すこともあります。

《反応全体》$Zn + MnO_2 + H_2O \rightarrow ZnO + Mn(OH)_2$

図 2-2-3　アルカリマンガン乾電池の電池反応

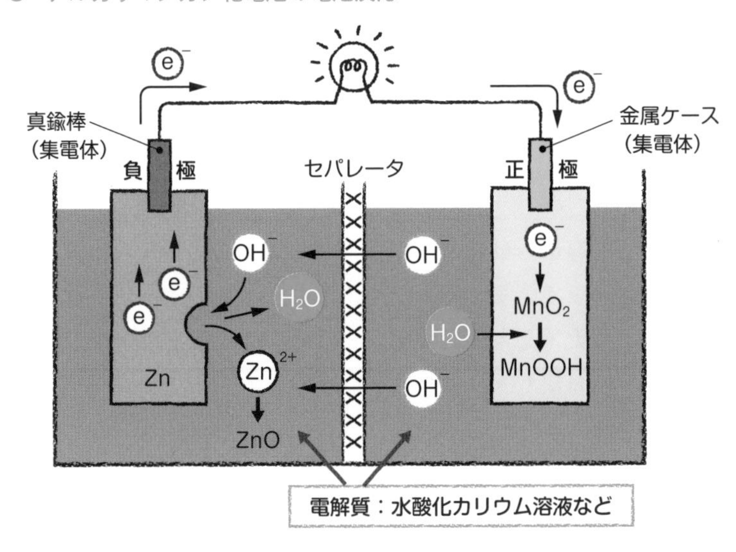

《負極で起こる化学反応》

$Zn + 4OH^- \rightarrow [Zn(OH)_4]^{2-} + 2e^-$

$[Zn(OH)_4]^{2-} \rightarrow Zn(OH)_2 + 2OH^-$

$Zn(OH)_2 \rightarrow ZnO + H_2O$

↓ まとめると

$Zn + 2OH^- \rightarrow ZnO + H_2O + 2e^-$

《正極で起こる化学反応》

$MnO_2 + H_2O + e^- \rightarrow MnOOH + OH^-$

↓ 両辺を2倍

$2MnO_2 + 2H_2O + 2e^- \rightarrow 2MnOOH + 2OH^-$

《反応全体》

$Zn + 2MnO_2 + H_2O \rightarrow ZnO + 2MnOOH$

2-3 電池の性能①
起電力（電圧）の大きさ

マンガン乾電池とアルカリマンガン乾電池とでは、アルカリマンガン乾電池のほうが高性能で、価格も高いのですが、では、電池の「性能」とは具体的にどのような能力を指すのでしょうか。

一次電池にしろ、二次電池にしろ、化学電池の性能の善し悪しは、主として①**起電力**（電圧）、②出力（電力）、③持ちのよさ（電気容量）、④エネルギー密度（単位質量または単位体積あたりの電力量）によって判断されます。二次電池の場合は、これらに加えて、充電速度、充電回数なども「性能」の部類に入るでしょう。また、安全性や耐久性なども性能ととらえることができますが、ここからは①～④についての説明をします。

●起電力（電圧）の単位はV（ボルト）

乾電池には単1形から単5形まで（国外製品は単6形まで）の規格があり、大きさがかなり違っています〈➡ p14〉。しかし、電圧はどれも1.5Vなのはなぜでしょうか。サイズが大きい電池には、それだけ活物質がたくさん入っているし、電極の表面積も大きいから、化学反応がたくさん起こるのではないか。それならば電圧も高くなってしかるべき、と思いがちです。

しかし、**電圧**とは電流を押し出そうする力の大きさをいいます。図2-3-1は、電池の電流を水タンクから流れ落ちる水流にたとえたモデルですが、電圧はこの図の水タンクの高さに当たります。タンクの高さが高い（電圧が大きい）ほど、水（電流）が勢いよく流れます。水の勢いはタンクの容積（活物質の量）には関係しません。

そして、タンクの高さ（電圧）は電池反応の種類によって決まります。というのも、電池の電力は負極と正極で起こる酸化還元反応によって生じる電極電位の差だからです。

したがって、同じ種類の乾電池（たとえばマンガン乾電池）では、単1形から単5形のどれであっても電圧は同じ1.5Vになります。

もっとも、同じ種類の電池でも、メーカーによって構造や材料にさまざまな工夫が凝らされていますので、起電力に若干の差が生じます。表2-3-1に主な二次電池の**公称電圧**を示しました。公称電圧とは、通常の状態で電池を使用したときの端子間の目安の電圧をいいます。

図 2-3-1　電池の水タンクモデル①　電圧とは？

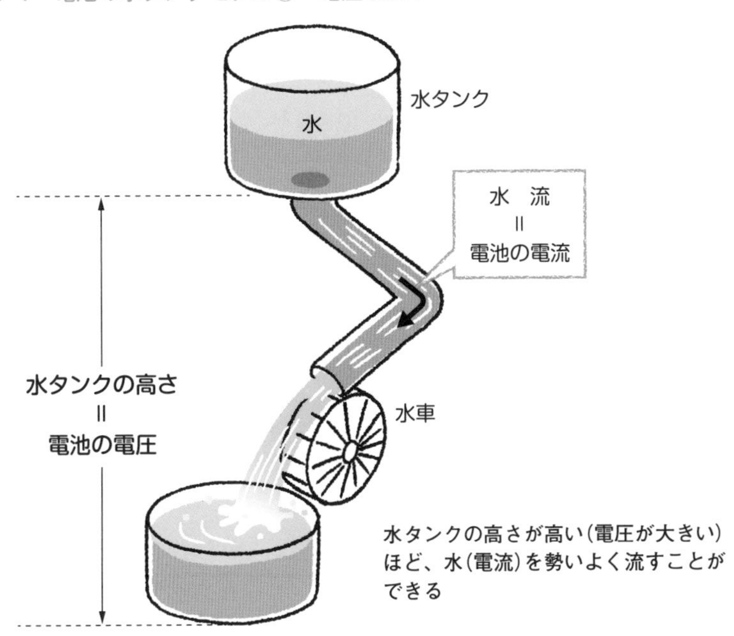

表 2-3-1　主な二次電池の公称電圧

二次電池	公称電圧（V）	本書のページ
鉛蓄電池	2.1	➡p68
ニッケル・カドミウム電池	1.2	➡p84
ニッケル水素電池	1.2	➡p90
ナトリウム硫黄電池（NAS 電池）	2.1	➡p96
レドックスフロー電池	1.15〜1.55	➡p100
リチウムイオン電池※	3.7	➡p147
リチウムイオンポリマー二次電池	3.7	➡p164

※コバルト酸リチウムイオン電池

2-4 電池の性能② 出力（電力）の大きさ

出力とは、電池が発することができる瞬間的なパワーのことです。電圧と別物で、電磁気学でいうところの**電力**になります。

たとえば、豆電球を点灯させたり、電気モーターを回したりするのは、各機器を流れる電流による作用です。回路にどれだけ大きな電流を流せるかを表すのが、電池の出力です。電池の水タンクモデルでいえば、水流の勢い（1秒間当たりにパイプを通る流水量）が出力を表します（図2-4-1）。

小さな出力の電池では、豆電球を点灯させたり、リモコンスイッチを作動させたりすることはできても、スマートフォンやパソコンを作動させることはできません。

●出力を左右する内部抵抗

電力は、電流と電圧の積で求まり、［電力＝電流×電圧］です。単位はW（ワット）ですので、瞬間的な値を表します。

電圧の値が同じである場合、電流値が大きくなれば出力も大きくなります。電池を回路につなぐと、流れる電流の値は、**オームの法則**［電流（A）＝電圧（V）÷電気抵抗（Ω）］から求められますが、この電気抵抗は、電池内部の抵抗と、外部回路につないだ抵抗の和になります。したがって、同じ外部抵抗を用いた回路でも、内部抵抗が大きい電池ほど、回路に流れる電流が小さくなります。つまり、電圧が同じでも、内部抵抗の小さな電池ほど出力が大きいのです。乾電池の場合、単1形から単5形まで大きさが違っても起電力は1.5Vでほぼ同じですが、小さな電池ほど内部抵抗比が大きくなるので、流れる電流は小さく、つまり出力は小さくなります。

では、どのようにすれば内部抵抗を減らして出力をアップさせられるのでしょうか。図2-4-1では、パイプを太くしたり、パイプの傾きを変えて流水の速度を速くしたりする方法が考えられます。電池内部では、化学反応によるイオンの移動が電荷を運ぶので、化学反応の速さが出力アップにつながります。

アルカリ乾電池は、負極活物質の多量の亜鉛が粉末にされているため、マンガン乾電池に比べて、化学反応が起こる表面積が大きい（＝パイプが太い）という利点があります。また、電解質に水酸化カリウム溶液を使用していることで、マンガン乾電池よりも化学反応が速く進む（＝流速が速い）ことなどから、電流が流れやすく、高出力になります〈➡ p54〉。

表 2-4-1 に、主な二次電池における単位重量当たりのおよその出力を示しました。

図 2-4-1　電池の水タンクモデル②　出力とは？

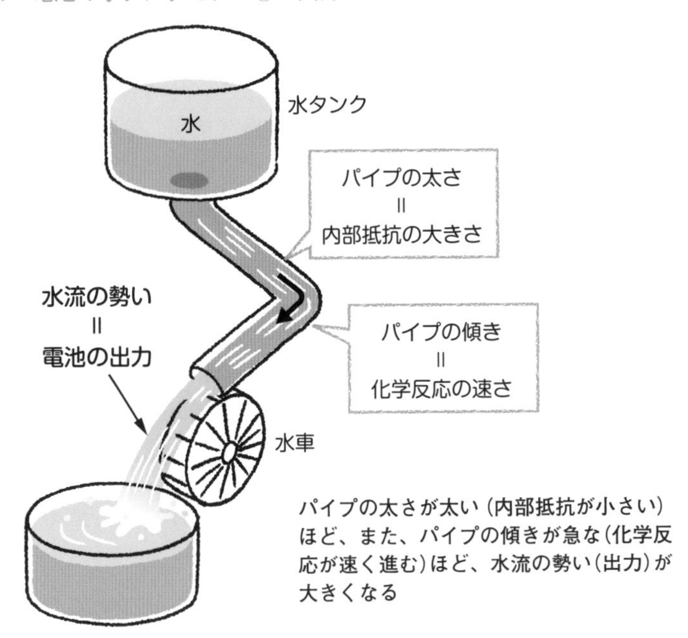

表 2-4-1　主な二次電池の出力密度

二次電池	出力密度（質量比）W/kg	本書のページ
鉛蓄電池	180～200	➡ p68
ニッケル・カドミウム電池	150～200	➡ p84
ニッケル水素電池	250～1000	➡ p90
ナトリウム硫黄電池（NAS 電池）	100～200	➡ p96
レドックスフロー電池	80～150	➡ p100
リチウムイオン電池	250～400	➡ p140
リチウムイオンポリマー二次電池	130～170	➡ p164

2-5 電池の性能③ 持ちのよさ（電気容量）

電池の持ちのよさは、長時間使用できるかどうかということなので、使い始めから電池が切れるまでに取り出すことができる電気量のことになります。電池から取り出せる電気の量は、基本的にはどれだけの活物質が詰め込まれているかに左右され、電池の水タンクモデルではタンクに入った水の量に当たります（図2–5–1）。これを**電気容量**といいます。

電気容量（電気量）の単位は本来C（クーロン）です。しかし、電池ではAh（アンペア時、またはアンペアアワー）を使います。電流の単位であるA（アンペア）は、単位時間に流れる電気量を表し、1秒間に1Cの電気量が流れるときの電流の大きさが1Aとなります。したがって、1Aの電流が1時間流れたときの電気量は、1時間は3600秒なので［1Ah＝3600C］になります。

●比容量は、単位質量当たりの電気容量

乾電池では、単5形より単3形、単3形より単1形のほうがサイズが大きい分だけ活物質の量も多いので、大容量になります。

マンガン乾電池の場合、仮に100mAの電流を連続放電すると、単1形では約60時間持ち、単3形では約6.8時間持ちます。つまり、単1形は単3形の約8.8倍長持ちします。

このように、電気容量は電池のサイズが大きいほうが有利になりますので、異なる種類の電池どうしでは同サイズでない限り正しく性能を比較できません。そこで、電気容量（Ah）を電池の質量で割って、単位質量当たりの電気容量を求めます。これを**比容量**（または**重量容量密度**）と呼び、単位は［Ah/kg］もしくは［mAh/g］になります。ただし、mAはAの1000分の1なので、単位が［Ah/kg］でも［mAh/g］でも数値は同じになります。

比容量には、正極と負極の活物質だけを計算した理論比容量と、電池の重さを計算対象にした実用電池の比容量があります。分子の電気容量は同じですが、分母が前者は活物質だけの重さ、後者は外装を含む電池全体の重さになりますので、実用電池の値は理論値よりかなり小さく、数分の1くらいに

なります。表2-5-1に主な二次電池の実用の比容量を示しました。

なお、取り出せる電気量は、放電電流の大きさによってかなり違ってきます。つまり、電池を使用する機器によって異なるので、ふつう乾電池などにも電気容量は記載されていません。

図2-5-1　電池の水タンクモデル③　電気容量とは？

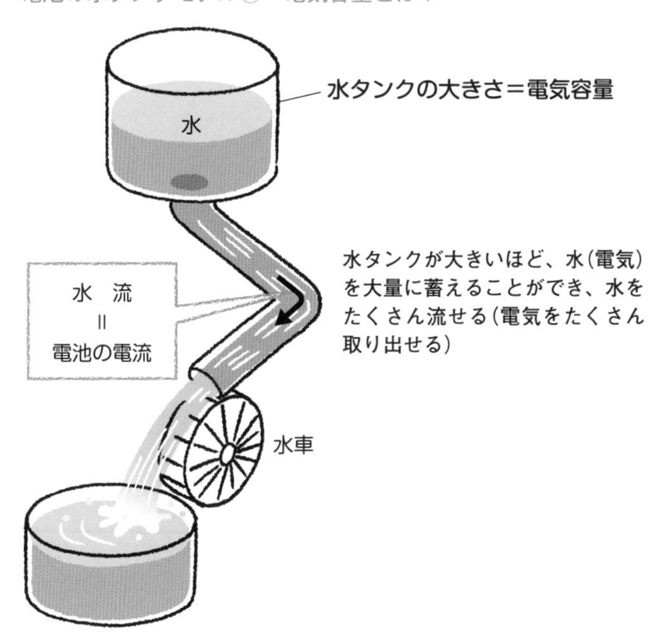

表2-5-1　主な二次電池のおよその比容量（実用電池）

二次電池	比容量（Ah/kg）	本書のページ
鉛蓄電池	15～20	➡p68
ニッケル・カドミウム電池	35～50	➡p84
ニッケル水素電池	50～100	➡p90
ナトリウム硫黄電池（NAS電池）	20～85	➡p96
レドックスフロー電池	8～20	➡p100
リチウムイオン電池	30～70	➡p140
リチウムイオンポリマー二次電池	35～80	➡p164

2-6 電池の性能④ エネルギーの大きさ

あえていえば、電池の性能を表す指標の中で、本質的に最も重要なのは出力〈➡ p58〉とエネルギーです。電池がどれほどのパワーを持っているのかを表すのが出力で、そのパワーでどれだけの仕事をこなすことができるのかを表しているのがエネルギーの大きさです。

エネルギーとは、一般に「仕事する能力」をいい、電池の水タンクモデルでいえば、水車を回すという仕事をどれだけできるか、その能力に当たります（図2-6-1）。

エネルギーの単位は仕事と同じJ（ジュール）ですが、電気学ではWs（ワット秒）やWh（ワット時、ワットアワー）を用います。1Wの電力で電流を1秒間流したときの電力量が1J（＝Ws：ワット秒）で、1時間の電力量は［1（Wh）＝3600（J）］です。

電池のエネルギーを求める式は、ここまで電池の性能を紹介してきた中で出てきた指標を使って、2とおりに書くことができます。

1つめは、［エネルギー＝出力×時間］です。単位の計算で確かめると、出力（＝電力）はW、時間はh（時）なので、［出力×時間］の単位は上に記したとおり、エネルギーの単位のWhになります。

そして2つめは、［エネルギー＝電気容量×電圧］です。電圧には公称電圧を用います。こちらも単位の計算で確かめると、電気容量はAh（アンペア時）、電圧はV（ボルト）なので、［電気容量×電圧］の単位も、［Ah×V＝Wh］となります。

●重量エネルギー密度と体積エネルギー密度

エネルギーの大きさも電池のサイズが大きいほうが有利になるので、比容量の場合と同じく、種類の違う電池どうしを比較する場合はエネルギーの密度を用います。ただし、エネルギーを質量で割った**重量エネルギー密度**と、体積で割った**体積エネルギー密度**の両方が使用されています。

重量エネルギー密度(Wh/kg) ＝ エネルギー(Wh) ÷ 質量(kg)

体積エネルギー密度(Wh/L) ＝ エネルギー(Wh) ÷ 体積(L)

また、活物質だけを計算対象にした理論エネルギー密度と、外装を含む電池全体で計算した実用電池のエネルギー密度があり、後者の値は前者の数分の１くらいになります。

表 2-6-1 に主な二次電池の実用エネルギー密度を示しました。

図 2-6-1　電池の水タンクモデル④　エネルギーとは？

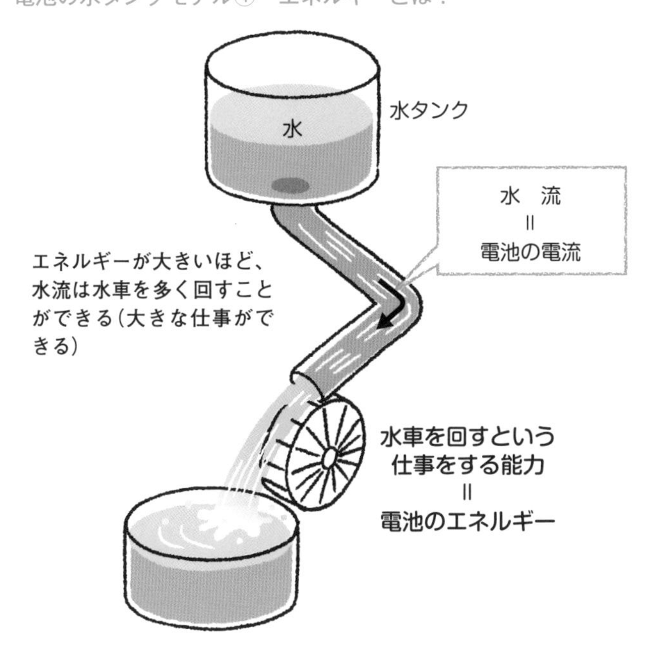

表 2-6-1　主な二次電池のおよそのエネルギー密度（実用電池）

二次電池	重量エネルギー密度 (Wh/kg)	体積エネルギー密度 (Wh/L)	本書のページ
鉛蓄電池	30〜40	60〜90	➡ p68
ニッケル・カドミウム電池	40〜60	50〜180	➡ p84
ニッケル水素電池	50〜120	140〜400	➡ p90
ナトリウム硫黄電池（NAS 電池）	100〜170	140〜160	➡ p96
レドックスフロー電池	10〜20	10〜25	➡ p100
リチウムイオン電池	100〜250	200〜700	➡ p140
リチウムイオンポリマー二次電池	100〜265	250〜750	➡ p164

2-7 なぜ一次電池は充電できないか

化学電池に必要最低限の要素は、正極・負極の活物質と電解質であり、これは一次電池でも二次電池でも同じです。そして、正極と負極で起こる酸化還元反応を利用して**放電**（電気を取り出す）するのも、共通しています。違っているのは、一次電池は放電しかできないのに対して、二次電池は放電と充電を繰り返し行えることです。

●放電と充電では酸化還元反応が逆

充電とは、放電の際に回路に流れる電流の向きと逆向きに、強制的に電流を流して、電池に電気エネルギーを蓄えることです。具体的には、外部電源のプラス端子を電池の正極をつなぎ、マイナス端子を電池の負極につなぎます。こうすることで、放電のときとは逆に、電池の負極側で還元反応、正極側で酸化反応が起こります（図 2-7-1）。こうして、電池を放電前と同じ状態にもどすのが充電です。そして、充電によって生じた正極と負極の電位差を解消する現象が放電です。

これを**ダニエル電池**で見てみましょう。放電では、負極の亜鉛が硫酸亜鉛溶液に溶け出して亜鉛イオンになり、亜鉛板に残された電子が回路を移動し、正極で硫酸銅溶液中の銅イオンと結合して、銅が析出します〈➡ p32〉。

ここで、上記のように外部電源のマイナス端子を電池の負極に、プラス端子を正極につなぎます。すると、おおまかにいって、負極に流れ込んだ電子と溶液中の亜鉛イオンが結合して、負極に亜鉛が析出し、正極では銅板から銅が溶け出して銅イオンになる反応が進みます。つまり、放電とは逆の反応が進み、電池は放電前の状態にもどっていくので充電です。

しかし、ここで重大な疑問があります。実はダニエル電池は二次電池ではなく、充電できないはずの一次電池に分類されているのです。

●充電は電気分解

充電の操作は、溶液に挿入された電極に外部電源によって電圧をかけるというものなので、つまりは中学校の理科の実験で習った「水の電気分解」と同じ**電気分解**です。

図 2-7-1　放電・充電と酸化還元反応

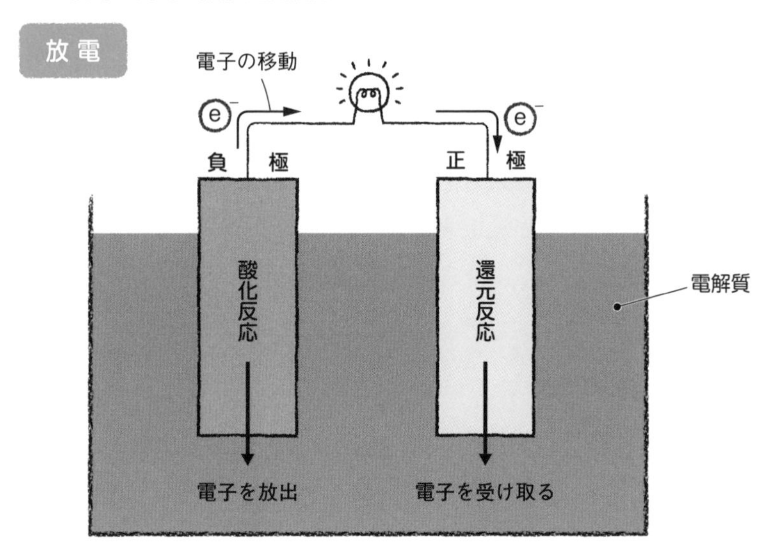

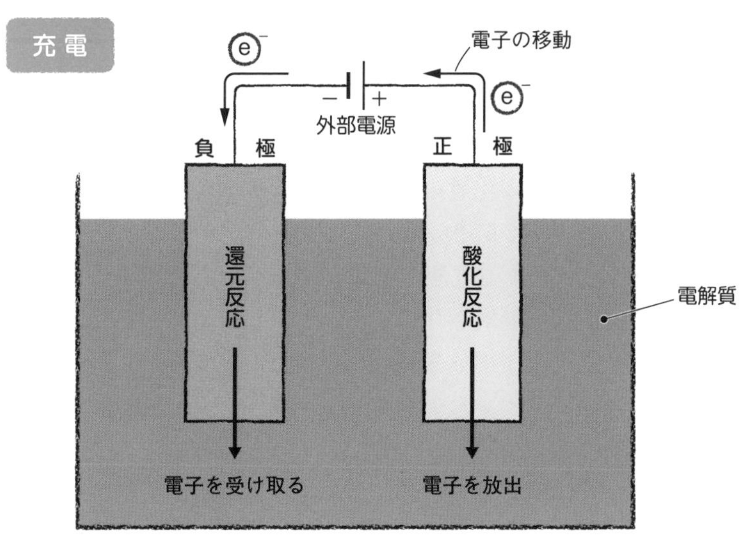

放電と充電では、電極で起こる酸化還元反応が逆になる

ダニエル電池の負極の電解液である硫酸亜鉛溶液を電気分解すると、負極の亜鉛板に亜鉛が析出して付着しますが、水が電離して生じた水素イオンが亜鉛板上で電子と結合して水素ガスになって発生します。亜鉛と水素のイオン化傾向を比べると、亜鉛のほうが大きいので、亜鉛の析出より水素ガスの発生のほうが起こりやすいことは明白です。こうしたガスの発生は、密閉された電池の膨張を招いて、破損や液漏れを起こしたりします。電池が破裂することも少なくありません。

また、ダニエル電池のように電極の亜鉛板や銅板が活物質である場合、放電によって電極の形状が変わってしまいます。それが充電によって元の形状にもどることはなく、再び放電するときの障害になります。電池のショートを引き起こす危険性もあります。

以上が、ダニエル電池を充電した場合に生じる可能性が高い事態です。したがって、ダニエル電池が一次電池か二次電池かについて評価を下すならば、「ある程度は充電できるものの、二次電池とまではいえない」となります。

事実、二次電池と認められている電池では、発生した気体を外に逃がす機構が付いていたり、電極付着物質が正常な再放電を妨げない工夫がなされています。

●乾電池を充電すると……

マンガン乾電池〈➡ p48〉も、充電するとダニエル電池と似たようなことが起きます。水が電離してできた水素イオンにより、負極から水素ガスが発生し、おまけに電解液の塩化亜鉛溶液も電気分解されて、正極から有毒な塩素ガスが発生します（図 2-7-2)。

また、アルカリマンガン乾電池〈➡ p52〉の場合は、充電すると電解質の水酸化カリウム溶液が電気分解されますが、カリウムはイオン化傾向が大きく析出しないので、結局水が電気分解され負極から水素ガス、正極から酸素ガスが発生します（図 2-7-3)。水素ガスと酸素ガスが混ざると大爆発を起こす危険性があります。

いずれにしろ、乾電池を充電するとガスが充満して破損や破裂の危険性があります。水酸化カリウムは溶液が皮膚に付くとやけどをする劇物なので、液漏れだけでも怖いといえ、充電は禁物です。

電池メーカー各社も、乾電池などの一次電池について、「構造的に充電式に造られていないので、充電すると液漏れや事故を起こす可能性があり、絶対に充電しないでください」と注意を促しています。

図 2-7-2　マンガン乾電池の充電で発生する気体

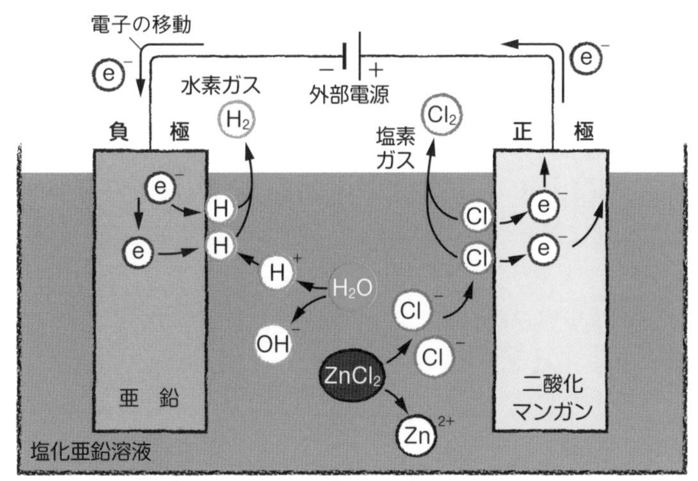

負極から水素ガス、正極から塩素ガスが発生する

図 2-7-3　アルカリマンガン乾電池の充電で発生する気体

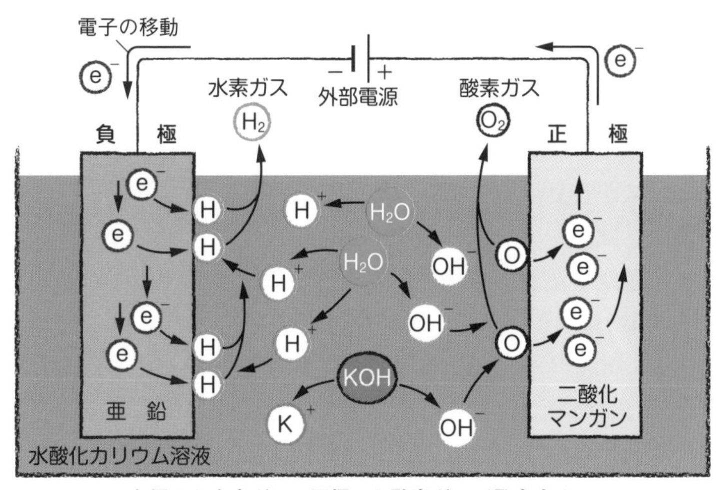

負極から水素ガス、正極から酸素ガスが発生する

2-8 鉛蓄電池の構造

世界初の二次電池である**鉛蓄電池**〈➡ p20〉は、1859年に発明されて以来、160年以上にわたって自動車用バッテリーの主役を務めてきました。もちろん、最初の電池から現在まで形状も構造も進化してきましたが、原理は変わっていません。一般的な自動車用鉛蓄電池の構造を図2-8-1に示しました。

バッテリー（電池）は、**セル**（単電池）が組み合わせられてできたものを指します。鉛蓄電池のセルの起電力は約2.1V。通常の自動車用バッテリーは6つのセルが直列に接続されているので、全体の起電力は12〜13Vと強力になります。

ちなみに、バッテリーの語源はこの「組み合わせ」です。野球で投手と捕手の組み合わせを「バッテリー」と呼ぶのもここからきています。

●鉛蓄電池の特長

鉛蓄電池が長く使われてきた理由はいろいろあります。最大の利点の1つには、電極および活物質を中心に多くの部材に使用されている鉛の価格が安いことが挙げられます。図2-8-2に、2020年7月の主要非鉄金属地金の価格を示しましたが、鉛は亜鉛より安く、同じく二次電池によく使われるニッケルに比べるとおよそ7分の1です。

鉛蓄電池には、次のような特長もあります。

・短時間で大電流を放電できる（エンジン始動時に必要）
・メンテナンスが容易
・衝撃に強く、破裂や火災のリスクが小さい
・さまざまな温度や湿度の環境下で安定した性能を発揮できる
・**メモリー効果**がない

なお、最後のメモリー効果とは、電池の容量が残っている状態で継ぎ足し充電を繰り返していると、いくら充電しても放電中に電圧が減少してしまう現象です〈➡ p122〉。ニッケル・カドミウム電池〈➡ p84〉やニッケル水素電池〈➡ p90〉などで見られる現象です。

こうした特長を持つ鉛蓄電池は、自動車用バッテリーのみならず、ゴルフカートやフォークリフトの駆動用電源として、また停電や災害時の非常用電源としても広く用いられています。

図 2-8-1　鉛蓄電池の構造

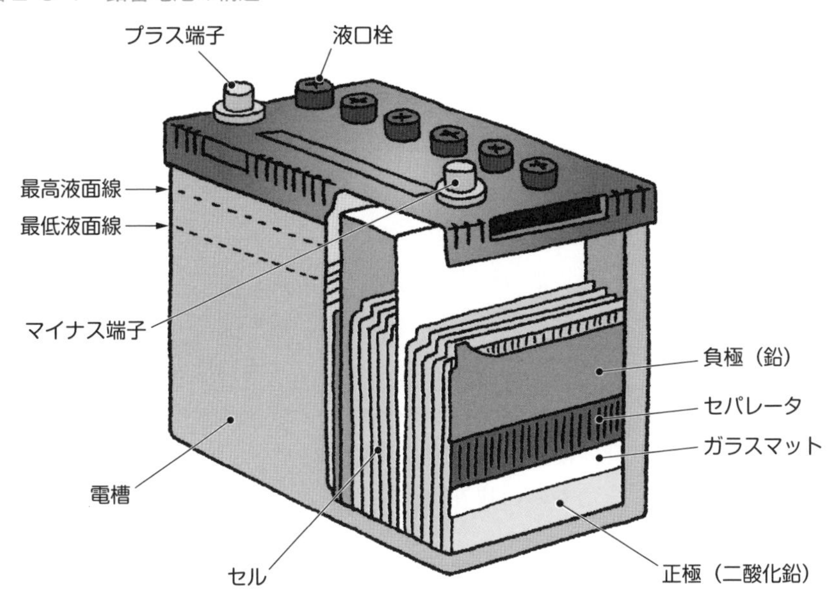

図 2-8-2　非鉄金属地金の価格例

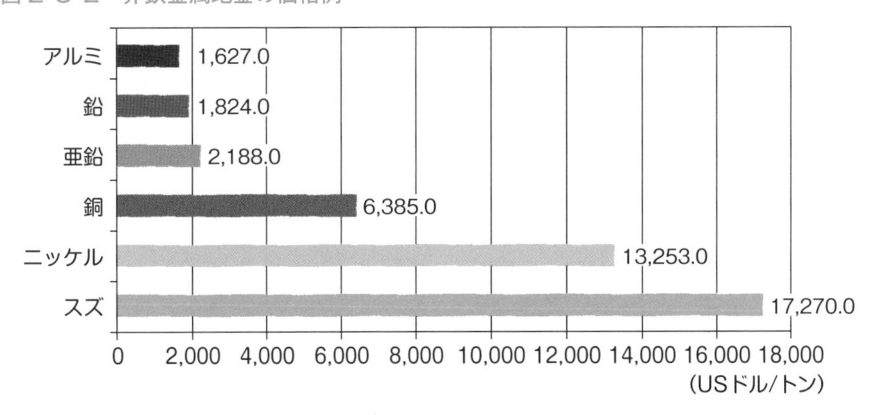

※LME（ロンドン金属取引所）での2020年7月17日の価格

●電極板の構造

鉛蓄電池の多くはどれも角形をしており、内部の構造も似たり寄ったりですが、化学電池にとって非常に重要な電極板には構造が異なるいくつかのタイプがあり、電池の用途などによって使い分けられています。

自動車用電池に最も用いられているのは、**ペースト式**と呼ばれている電極板です。鉛（または鉛合金）で格子状の骨組みを作り、そこに鉛の粉末を主成分とする活物質をペースト状にして塗りつけます。格子は集電体の役割をし、活物質は多孔質の海綿状になっているためイオンがすばやく移動できます。ペースト式電極板は正極にも負極にも採用されています（図2-8-3）。

それに対して、**クラッド式**電極板は正極に限って用いられています。クラッド（clad）とは「身にまとう」という意味で、チューブ状に編み上げたガラス繊維を焼結し、中に鉛の粉末を充填して積み上げています（図2-8-3）。

クラッド式は振動や衝撃に強く、また活物質が電解液に溶け出しにくいため、フォークリフトの駆動や非常用のバックアップ電源などの鉛電池の正極に多く使われています。ほかにも、正極用として**チュードル式**と呼ばれる、鉛板に細い溝を刻んで表面積を6～10倍に増大させた電極板もあり、以前は国内でも製造されていたものの現在は作られておらず、海外製品のみです。

●充電時に発生するガスの対処法

鉛蓄電池の充電では、水素ガスと酸素ガスが発生することがあり、電池内部が密閉されていると液漏れや破裂の危険性が出てきます〈➡ p75〉。そのため、構造的なガス対策が講じられており、主なものは2種類あります。

1つめは、自動車用バッテリーに多く採用されている**ベント形**と呼ばれる構造で、図2-8-1の構造図に示されている液口栓のしくみです。ベントとは英語で「通気孔」という意味です。

ベント形では、フィルター付きの通気孔からガスを逃がします。フィルターは電解液の硫酸が飛び出したり、電池内の水素ガスに誤って引火することがないようにするためのものです。ただし、通気孔から水分が蒸発するので、定期的な水の補給が不可欠になります。

一歩進んだベント形には、**触媒栓**という、酸化触媒を備えたタイプもあります（図2-8-4）。液口栓の代わりに触媒栓を取り付け、発生した酸素ガスはそのまま放出し、水素ガスのみを吸着します。そして、放電時に空気中の酸素を利用して水素を酸化し、水にします。

2つめは**シール形（制御弁式）**です。発生した水素ガスと酸素ガスを反応させて水にもどす工夫がされているものの、完全ではないため、ガスで内圧が高まると弁が開いて逃がすようになっています。

上記以外にも、ガスの発生自体を防いだ完全密閉型の鉛蓄電池もあります。

図 2-8-3　ペースト式とクラッド式の電極板

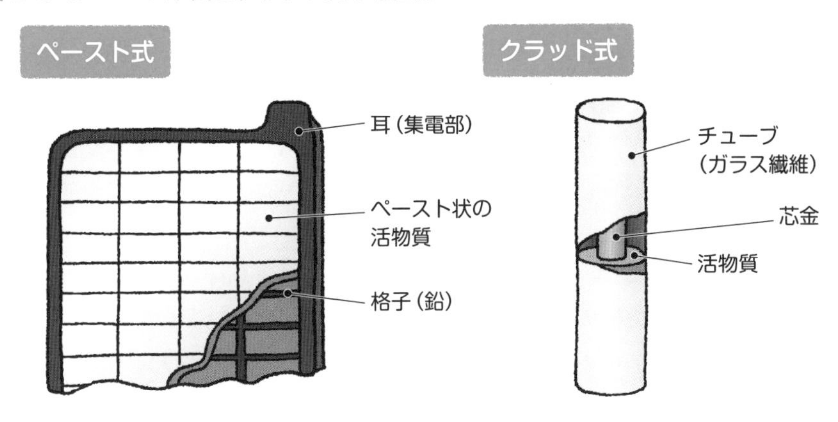

図 2-8-4　ベント形触媒栓の構造

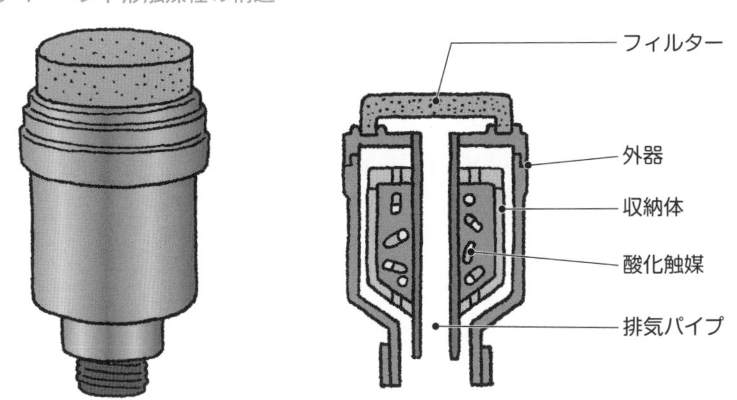

触媒栓によって水素ガスを吸着、放電時に空気中の酸素を利用して
水素を酸化し、水にしている

2-9 鉛蓄電池の電池反応

一般的な鉛蓄電池の負極&負極活物質は鉛、正極&正極活物質は二酸化鉛、電解質は希硫酸です。正極（集電体）に鉛、正極活物質に二酸化鉛を用いた製品もあります。いずれにしても、放電時の電池式は次のようになります。

《電池式》$(-)Pb|H_2SO_4|PbO_2(+)$

電解質の希硫酸は次のように電離しています。

$H_2SO_4 \rightarrow 2H^+ + SO_4^{2-}$

電解質が希硫酸1種類であるところはボルタ電池に似ていますが、鉛蓄電池には**セパレータ**があります。セパレータは電解質を保持するとともに、イオンを通過させながら、正極と負極がショートするのを防いでいます。

●放電時の電池反応

放電のときは、負極の鉛板から鉛が溶け出して2価の陽イオンである鉛イオン（Ⅱ）になり、電子が鉛板に残されます。つまり、鉛の酸化反応が起こります（図2-9-1）。

《負極》$Pb \rightarrow Pb^{2+} + 2e^-$

鉛イオン（Ⅱ）は電解質中の硫酸イオンと結びついて硫酸鉛になります。

《負極》$Pb^{2+} + SO_4^{2-} \rightarrow PbSO_4$

上式2つを合わせると、負極での化学反応は次のようになります。

《負極》$Pb + SO_4^{2-} \rightarrow PbSO_4 + 2e^-$

硫酸鉛（$PbSO_4$）は固体となって鉛板上に析出し、電子が放出されます。その電子が回路を移動し、正極に達すると、電子・二酸化鉛・電解質中の水素イオンの3者がからんで、次のような還元反応が起こります。

《正極》$PbO_2 + 4H^+ + SO_4^{2-} + 2e^- \rightarrow PbSO_4 + 2H_2O$

反応の結果生じる硫酸鉛は固体であり、負極と同様に、正極の二酸化鉛上に析出します。Pbの価数に注目すると、PbO_2では+4価だったのが、$PbSO_4$では+2価になっています。また、水素イオンは二酸化鉛の酸素および電子と結合して水分子になったことがわかります。

以上の負極と正極の化学反応を合わせると、放電時における全体の電池反応は次のようになります。

《反応全体》PbO_2 + Pb + $2H_2SO_4$ → $2PbSO_4$ + $2H_2O$

この反応から、鉛蓄電池が放電すると、水が生じることがわかります。水が発生し、硫酸イオンが減少するので、電解質の濃度が下がります。なお、ガスは発生しません。

図 2-9-1　鉛蓄電池の放電時の電池反応

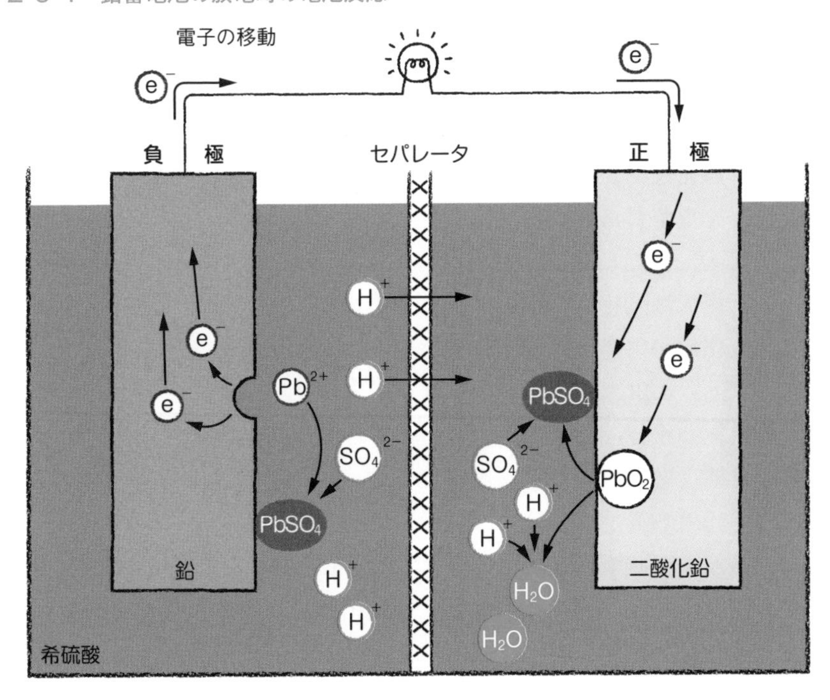

《負極で起こる反応》

Pb + SO_4^{2-} → $PbSO_4$ + $2e^-$（鉛 → 硫酸鉛）

《正極で起こる反応》

PbO_2 + $4H^+$ + SO_4^{2-} + $2e^-$ → $PbSO_4$ + $2H_2O$（二酸化鉛 → 硫酸鉛）

《反応全体》

PbO_2 + Pb + $2H_2SO_4$ → $2PbSO_4$ + $2H_2O$（水が生じる）

負極では鉛が硫酸鉛になり、正極では二酸化鉛が硫酸鉛になる。
電解質の希硫酸が水になる

ところで、鉛蓄電池の負極は鉛で正極は二酸化鉛と当たり前のように書いてきましたが、そうであるためには鉛のほうが二酸化鉛よりイオン化傾向が大きい必要があります。

実は理論的に求められた**標準電極電位**によると〈➡ p40〉、[Pb → $PbSO_4$]は－0.355V、[PbO_2 → $PbSO_4$]は1.685Vであり、確かに鉛のほうがイオンになりやすいといえます。

なお、標準電極電位から求めた鉛蓄電池の**起電力**（電位差）は、1.685－(－0.355)＝2.04（V）になります。

●充電時の電池反応

鉛蓄電池を外部電源に接続して充電すると、放電時とは逆の電池反応が起こります（図2-9-2）。

負極では還元反応が起こり、付着していた硫酸鉛が電子を得て鉛になり、硫酸イオンを電解質溶液中に放出します。

《負極》$PbSO_4 + 2e^- \rightarrow Pb + SO_4^{2-}$

一方、正極では酸化反応が起こり、付着していた硫酸鉛が溶液中の水と反応して二酸化鉛が生じ、水素イオンと硫酸イオンが放出されます。

《正極》$PbSO_4 + 2H_2O \rightarrow PbO_2 + 4H^+ + SO_4^{2-} + 2e^-$

以上の負極と正極の化学反応を合わせると、鉛蓄電池における充電のときの全体の電池反応は次のようになります。

《反応全体》$2PbSO_4 + 2H_2O \rightarrow PbO_2 + Pb + 2H_2SO_4$

なお、溶液中で硫酸は電離しています（$2H_2SO_4 \rightarrow 4H^+ + 2SO_4^{2-}$）。

さて、放電時と充電時の電池反応式を見比べてみると、両者が完全に逆反応であることがわかります〈➡ p73〉。充電によって、放電時に増えた水は減り、減った硫酸イオンは増えて、鉛蓄電池は放電前の状態にもどることができるのです。

なお、一般に二次電池の電池反応式は双方向の2本の矢印を使って表し、鉛蓄電池の場合は次のようになります。

《反応全体》$PbO_2 + Pb + 2H_2SO_4 \rightleftarrows 2PbSO_4 + 2H_2O$

一般に、2本の矢印のうち上（右向き）の矢印が放電、下（左向き）の矢印が充電のときの化学反応を表しますので、本書でもそのように記述します。

●充電末期や過充電で発生する水素と酸素

鉛蓄電池の充電が進んで、充電末期や完全充電の状態になると、硫酸鉛がなくなり、それ以上充電する（**過充電**という）と代わりに水が電気分解されて負極から水素ガス、正極から酸素ガスが発生します。電池内でガス圧が高まると液漏れや破裂の危険性が出てきます。それに水素ガスと酸素ガスですから、何かの拍子に爆発を起こしかねません。それを防ぐために、ガスの放出や除去などの構造上の対策がとられています〈➡ p70〉。

図 2-9-2　鉛蓄電池の充電時の電池反応

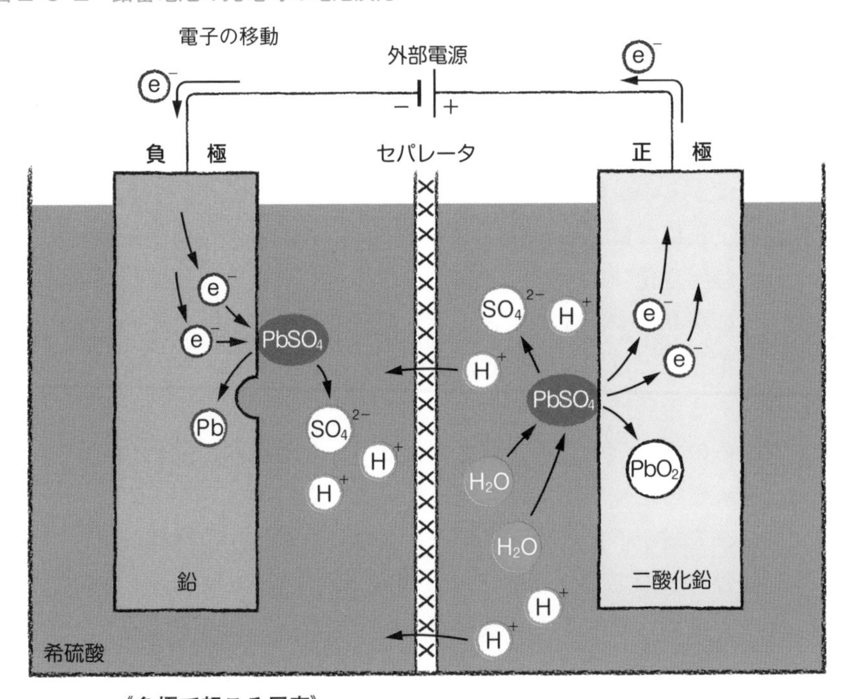

《負極で起こる反応》

$PbSO_4 + 2e^- \rightarrow Pb + SO_4^{2-}$（硫酸鉛 → 鉛）

《正極で起こる反応》

$PbSO_4 + 2H_2O \rightarrow PbO_2 + 4H^+ + SO_4^{2-} + 2e^-$（硫酸鉛 → 二酸化鉛）

《反応全体》

$2PbSO_4 + 2H_2O \rightarrow PbO_2 + Pb + 2H_2SO_4$（硫酸が生じる）

負極では硫酸鉛が鉛にもどり、正極では硫酸鉛が二酸化鉛にもどる。
電解質の中の水が希硫酸にもどる

2-10 鉛蓄電池の劣化原因

どんな電池でも劣化は生じ、劣化の速度が遅いことも「性能がよい」といえるでしょう。では、劣化とはどういう現象で、なぜ起こるのか。電池の種類によって劣化現象は異なりますが、ここでは鉛蓄電池の例を取り上げます。

●サルフェーションと活物質の脱落

鉛蓄電池における最大の劣化原因は、放電のときに析出して電極に付着した硫酸鉛〈➡ p72〉が結晶化してしまうことです（図 2-10-1）。この現象を、電池の電気化学では**サルフェーション**と呼んでいます。「sulfation」とは元来、英語で「硫酸化」を意味します。

析出したばかりの硫酸鉛は柔らかく、充電時には化学反応を起こして、負極では鉛に、正極では二酸化鉛になります。ところが、長期間充電せずに放置したり、経年変化により、二酸化鉛が結晶化して硬くなり、化学反応を起こしにくくになります。サルフェーションが進行すると、電池の容量が減るとともに、電極板と電解質の接触が妨げられて充電スピードが低下します。

電解質である希硫酸中の硫酸濃度が高くなると、サルフェーションが起こりやすくなるので、その観点からも充電は不可欠であり、補水も大切です。

なお、電解質の希硫酸中では、比重が大きい硫酸イオンが下に沈みやすい傾向があり、充電が不十分でガスが発生しないと溶液が撹拌されず、溶液中にイオン濃度の異なる層ができます（**成層化現象**）。成層化現象が起こると、サルフェーションは硫酸イオン濃度が高い電極下部で進みやすくなります。

劣化原因として次に挙げられるのは**脱落**現象です。何が脱落するかといえば、正極活物質の二酸化鉛です。ペースト式電極板の場合〈➡ p70〉、格子に詰められたペースト状の二酸化鉛が熱によって軟化したり、充放電の繰り返しで形状が変化したりすることが原因となり、衝撃や衝突をきっかけとしてはがれ落ちるのです。はがれ落ちれば、その箇所で電池反応が起こらないため容量が低下し、出力も低下します。成層化現象が生じると、硫酸イオン濃度が低く放電しやすい電極上部で脱落が起きやすくなります（図 2-10-2）。

●過充電で格子の折損や活物質の収縮も

鉛蓄電池の劣化は、**過充電**が原因でも起こります。高温状態で過充電が行われると、正極の格子の腐食が進み、そこに付着した二酸化鉛が増大すると、二酸化鉛の圧力で格子が変形したり、破損したりします。また負極でも、活物質を海綿状に保つために混ぜられている添加剤が酸化分解し、反応表面積が縮小します。このように、過充電は水素ガスと酸素ガスの発生原因となる〈➡ p75〉だけでなく、電池内部の変形や損傷にも関わってきます。

図 2-10-1　サルフェーション

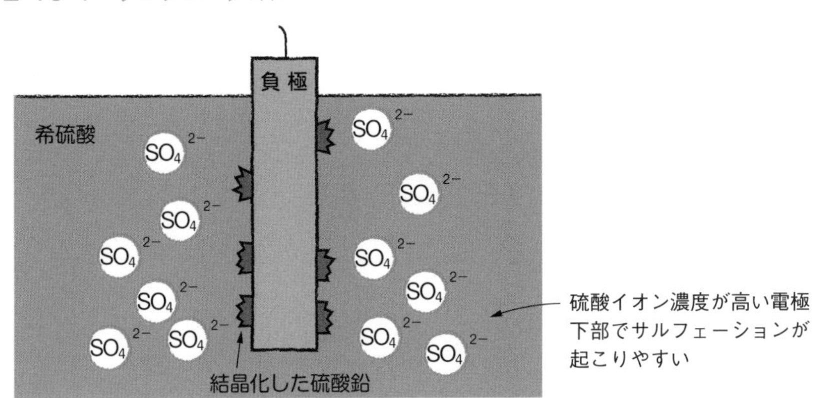

サルフェーションが進行すると、充電スピードが低下する

図 2-10-2　二酸化鉛の脱落

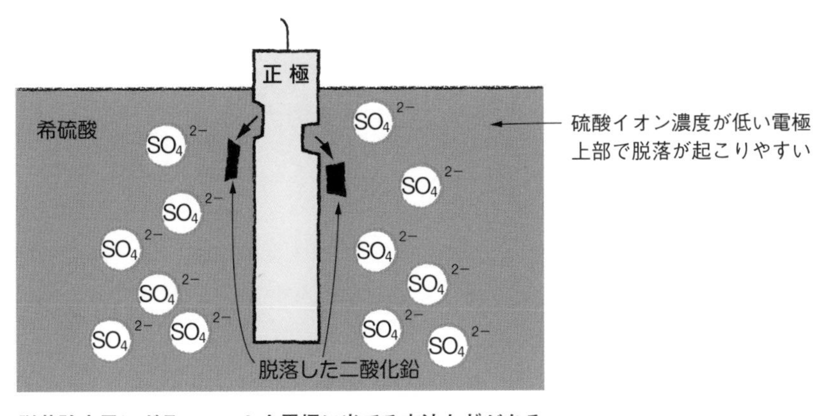

脱落防止用にガラスマットを電極に当てる方法などがある

2-11 エジソンが発明したニッケル鉄電池

ニッケル鉄電池は別名「エジソン電池」とも呼ばれるアルカリ蓄電池の一種です。アルカリ蓄電池とは、塩基性の電解質を使用した二次電池のことです。1899年に発明されたニッケル・カドミウム電池〈➡ p84〉が、有害なカドミウムを使用していたことから、その問題を解決しつつ、電気自動車用電源として発明王トーマス・エジソン（1847–1931）が作りました。

エジソン自身も自信を持っていたように、当時の鉛蓄電池よりエネルギー密度が高く、充電時間も短く済んでいました。が、製造コストが高いことがネックとなり、広く普及することはありませんでした。しかしながら、この電池は物理的な耐久性にすぐれている上、寿命も長いため、現在でも産業用運搬車両や鉄道車両、バックアップ電源などに使用されています。

●ニッケル鉄電池の電池反応

ニッケル鉄電池は、負極に鉄、正極に酸化水酸化ニッケル（オキシ水酸化ニッケル）を用い、電解質に水酸化カリウム溶液を採用しています。放電時の電池式は次のようになります。

《電池式》$(-)Fe|KOH|NiOOH(+)$

放電時、負極では鉄が水酸化カリウムと反応して水酸化鉄（Ⅱ）ができ、電極に付着します。正極では、酸化水酸化ニッケルが電子を得て水と反応し、水酸化ニッケルに変わり、水酸化物イオンができます。

充電すると、これらの逆の反応が起こりますので、両極での電池反応は次のようになります（図2–11–1）。

《負極》$Fe + 2OH^- \rightleftarrows Fe(OH)_2 + 2e^-$

《正極》$NiOOH + H_2O + e^- \rightleftarrows Ni(OH)_2 + OH^-$

正極の化学反応式の両辺を2倍して電子の数を負極と合わせると、電池反応全体は次のようになります。

《反応全体》$Fe + 2NiOOH + 2H_2O \rightleftarrows Fe(OH)_2 + 2Ni(OH)_2$

ただし、放電が続くと、鉄が不足し、負極の反応が次の段階に進むことがあります。

《負極》$3Fe(OH)_2 + 2OH^- \rightleftarrows Fe_3O_4 + 4H_2O + 2e^-$

ニッケル鉄電池の公称電圧は1.2Vですが、放電直後はおよそ1.4Vあり、その後ゆっくりと低下していきます。標準電極電位から電圧（起電力）を求めると、$Fe(OH)_2/Fe$は約−0.877V、$NiOOH/Ni(OH)_2$は約0.49Vなので、求める値は0.49−(−0.877)=1.367Vとなります。

図2-11-1　ニッケル鉄電池の電池反応

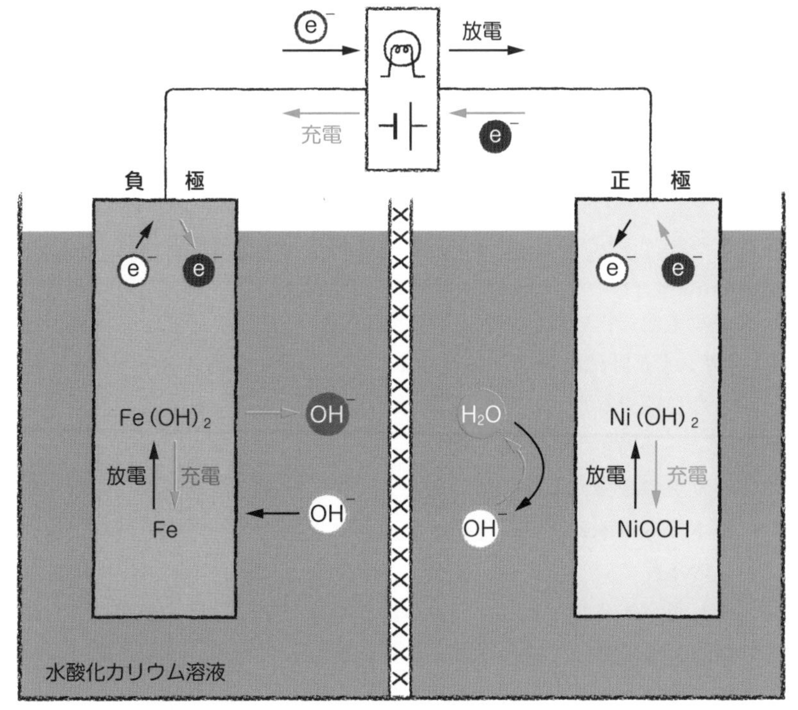

Fe(OH)₂：水酸化鉄（Ⅱ）　Ni(OH)₂：水酸化ニッケル

《負極で起こる反応》

$Fe + 2OH^- \rightleftarrows Fe(OH)_2 + 2e^-$

《正極で起こる反応》

$NiOOH + H_2O + e^- \rightleftarrows Ni(OH)_2 + OH^-$

《反応全体》

$Fe + 2NiOOH + 2H_2O \rightleftarrows Fe(OH)_2 + 2Ni(OH)_2$

鉛蓄電池と同様、充電末期や過充電で、負極から水素ガス、正極から酸素ガスが発生する

なつかしの赤マンガンと黒マンガン

かつて一世を風靡したマンガン乾電池。負極活物質に亜鉛、正極活物質に二酸化マンガン、電解質に塩化亜鉛溶液または塩化アンモニウム溶液を用いていました〈➡ p48〉。このマンガン乾電池には、**赤マンガン**、**黒マンガン**と呼ばれるタイプがあります。

初期のマンガン乾電池は「乾」電池でありながら、液漏れが発生し、放電性能も低いものでした。こうした時代に、電池の液漏れ防止と性能アップを強力に促したのは、1955年に東京通信工業（現・ソニー）が発売したトランジスタラジオでした。

マンガン乾電池では、電解質が塩化アンモニウム溶液から塩化亜鉛溶液中心に変わり、それをペースト状にして液漏れを最大限防ぐようにしました。さらに、電池内部の形状や部材の量などにも手が加えられて誕生したのが**高性能マンガン乾電池**です。1963年に松下電器産業（現・パナソニック）グループが発売したこの新電池は、当時世界最高の放電性能を誇りました。

赤の「高性能」から黒の「超高性能」への飛躍

松下が新電池に赤い目印を付けたことから、高性能マンガン乾電池は通称「赤マンガン」と呼ばれるようになりました。当初、赤色は松下1社が自社製品に付けた目印でしたが、その後各社が追従したため、日本製高性能マンガン乾電池に共通の色になりました。

赤マンガンの登場により、国内メーカーの電池開発競争がさらに激化しました。松下でも電池の改良研究がスピードアップされ、電解質の塩化亜鉛溶液に少量の塩化アンモニウム溶液を添加したり、二酸化マンガンの粉末をより細かくしたりするなどして、1969年に赤マンガンより性能が向上した**超高性能マンガン乾電池**ができ上がりました。こちらには黒い目印が付けられたことから、赤マンガンをしのぐ「超高性能電池」を「黒マンガン」と呼ぶようになりました。

「高性能」「超高性能」と勇ましい名前が付けられたものの、時代は否応なく進み、現在日本国内では赤マンガンはほとんど生産されておらず、黒マンガンの生産も縮小しています。今はアルカリマンガン乾電池〈➡ p52〉が小型・円筒形一次電池の主力として台頭しています。

第3章

いろいろな二次電池

現在、国内で生産されている二次電池のうち、
リチウムイオン電池がほぼ３分の２を占めています。
まさにリチウムイオン電池全盛の世の中ですが、逆にいえば、
３分の１をリチウムイオン電池以外の二次電池が占めていることになります。
どこで、どのような電池が働いているのか、
なぜその電池が選ばれたのかなど、
主な二次電池についてくわしく解説します。

3-1 ニッケル系の二次電池

本章では、主要な二次電池を紹介します。ただし、リチウム系の二次電池だけは次章で集中的に取り上げます。

最初はニッケル系の二次電池です。円筒形で、見た目が乾電池によく似た民生用の小型タイプも広く普及しています。乾電池の代わりに使えて、しかも長期間うまく使えば経済的なので人気があります。

エジソンが発明した歴史的なニッケル鉄電池はすでに紹介しました〈➡ p78〉が、**ニッケル二次電池**にはほかに、ニッケル・カドミウム電池〈➡ p84〉、ニッケル亜鉛電池〈➡ p88〉、ニッケル水素電池〈➡ p90〉などがあります。ニッケル二次電池の開発の略史を表3-1-1に紹介しました。

ちなみに、本書では取り上げませんが、ニッケル電池には一次電池もあります。

●ニッケル二次電池の特徴

ニッケル二次電池は、すべて電解質に塩基性の**水酸化カリウム溶液**を用いているアルカリ蓄電池です。

また、ニッケル二次電池は、正極活物質が**酸化水酸化ニッケル**（オキシ水酸化ニッケル）であることも共通しています。酸化水酸化ニッケルが正極電極として重宝されて用いられてきたのは、容量密度が大きく、耐腐食性にすぐれ、充放電時の金属溶出が少ないという利点があるからです。

Mを金属元素とすると、ニッケル二次電池の放電時の電池式はすべて次のように表されます。

《電池式》(−)M|KOH|NiOOH(+)

したがって、正極での化学反応はどれも同じで、次のようになります。

《正極》$NiOOH + H_2O + e^- \rightleftarrows Ni(OH)_2 + OH^-$

すなわち、放電では酸化水酸化ニッケルが還元されて水酸化ニッケルになり、充電では水酸化ニッケルが酸化されて酸化水酸化ニッケルにもどります。ニッケルの価数は、酸化水酸化ニッケル（NiOOH）が+3価、水酸化ニッケル（$Ni(OH)_2$）が+2価です。$NiOOH/Ni(OH)_2$の標準電極電位は約0.49Vになります。

このように、正極活物質および正極での電池反応が同じなので、各種類のニッケル二次電池の特徴や性能を決める最大の要因は、負極活物質の種類になります（表3-1-2）。

表3-1-1　ニッケル二次電池の開発略史

年	内容
1899	ニッケル・カドミウム電池の開発
1900	ニッケル鉄電池の開発
1960	ニッケル・カドミウム電池の生産開始　（米国）
1961	ボタン形ニッケル・カドミウム電池の開発
1964	ニッケル・カドミウム電池の生産開始　（日本）
1973頃	ニッケル亜鉛電池の開発
1989	ニッケル水素電池の発明・製品化

表3-1-2　ニッケル二次電池の種類

二次電池	負極活物質	正極活物質	➡本書のページ
ニッケル・カドミウム電池	Cd	NiOOH	➡p84
ニッケル鉄電池	Fe	NiOOH	➡p78
ニッケル亜鉛電池	Zn	NiOOH	➡p88
ニッケル水素電池	水素吸蔵合金	NiOOH	➡p90

※活物質は放電時の物質

↓

正極活物質は酸化水酸化ニッケルで共通

利点
- 容量密度が大きい
- 耐腐食性にすぐれる
- 充放電時の金属溶出が少ない

3-2 ニッケル・カドミウム電池

負極活物質にカドミウムを用いた**ニッケル・カドミウム電池**は、短く**ニカド電池**、ニッカド電池などとも呼ばれます。ここではニカド電池と表記することにします。なお、大型のニカド電池をアルカリ蓄電池と呼ぶこともあります。

ニカド電池は、1899年にスウェーデンのエンジニアで発明家でもあったエルンスト・ユングナー（1869–1924）が発明しました。エジソンのニッケル鉄電池が登場する1年前です。1990年頃までは、ニッケル二次電池といえばこのニカド電池が多数を占めていました。

●ニカド電池の構造と電池反応

ニカド電池の負極活物質はカドミウム、正極活物質は酸化水酸化ニッケル（オキシ水酸化ニッケル）、電解質は水酸化カリウム溶液です。

電解質を含んだセパレータをはさんで正極板と負極板をロール状もしくは積層にして、鉄缶に収められており、外側を外装ラベル（または絶縁チューブ）が覆っています（図3-2-1）。

ニカド電池の放電時の電池式は次のようになります。

《電池式》$(-)Cd|KOH|NiOOH(+)$

放電時、負極ではカドミウムが酸化されて水酸化カドミウムになり、正極では酸化水酸化ニッケルが水酸化ニッケルに還元されます。充電時には逆の反応が起こります。

したがって、電池反応式は次のようになります。

《負極》$Cd + 2OH^- \rightleftarrows Cd(OH)_2 + 2e^-$

《正極》$NiOOH + H_2O + e^- \rightleftarrows Ni(OH)_2 + OH^-$

《反応全体》$Cd + 2NiOOH + 2H_2O \rightleftarrows Cd(OH)_2 + 2Ni(OH)_2$ （図3-2-2）

反応式より、放電時には水が消費されて電解液の濃度が高まり、逆に充電時には水が生成されて電解液の濃度が薄まることがわかります。

ニカド電池の公称電圧は乾電池より小さく約1.2Vです。標準電極電位から電圧（起電力）を求めると、$Cd(OH)_2/Cd$ は約－0.825V、$NiOOH/Ni(OH)_2$ は約 0.49V なので、0.49－（－0.825）＝1.315V となります。

図 3-2-1　ニカド電池の構造

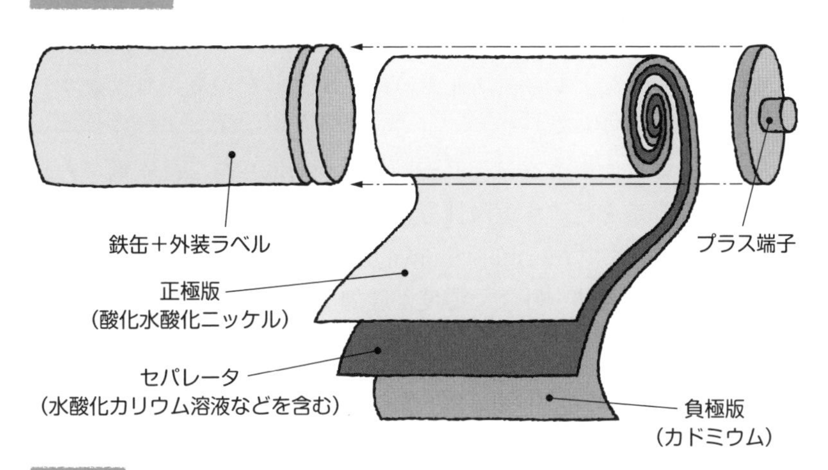

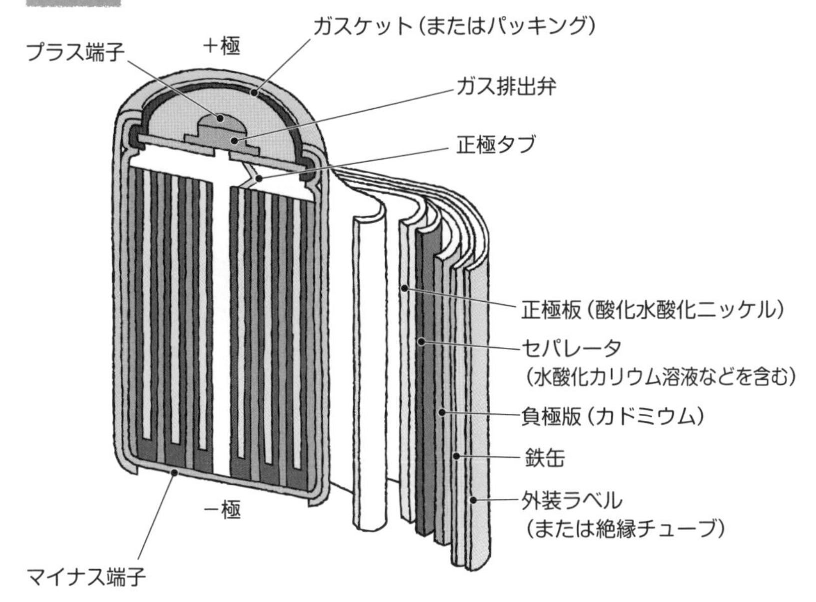

●カドミウムの有害性や熱暴走も問題に

ニカド電池の最大の短所は、人体に有害なカドミウムを電極に使用しているところです。カドミウムは自然界に広く分布する元素であり、野菜や果物、肉、魚にも含まれています。日本人がカドミウムを最も多く摂取するのはお米からで、摂取量全体の4割を占めるといわれています。

しかし、1960年代の日本を揺るがした公害病の1つ、「イタイイタイ病」を引き起こしたのは、鉱山から出た未処理排水に含まれていた高濃度のカドミウムでした。エジソンがニッケル鉄電池を開発したのも、有害なカドミウムを使用しないためでした。

ニカド電池にはほかにも、メモリー効果〈➡ p122〉や自己放電が大きいという短所や、**熱暴走**を起こす危険性もあります。

熱暴走とは、英語で「thermal runaway（サーマル・ランナウェイ）」といい、発熱がさらなる発熱を呼んで温度が制御できなくなり、異常高温になることをいいます。

通常、電池は温度が高いほど起電力が高くなりますが、ニカド電池は逆に温度が高くなると起電力が低下する負の温度係数を持っています。そのため**定電圧充電**〈➡ p110〉を行うと、温度が上昇するにもかかわらず起電力が低下するために電圧を上げるように電流が増加し、それがさらなる温度上昇を招くというスパイラルに陥って、最終的に発火に至る危険性があるのです。

一時期、リチウムイオン電池で異常発熱が問題になったことがあり、それも熱暴走によるものでした。

●ニカド電池が使われ続けてきた理由

しかし、ニカド電池には鉛蓄電池に比べて丈夫で振動や衝撃に強く、大電流の充放電が可能である、低温時の電圧降下が小さいなどの長所があります（表3-2-1）。

通常の電池反応では、充電末期から過充電にかけて、電解液中の水が分解されて、水素ガスと酸素ガスが発生しますが、カドミウムには水素過電圧が高く、かつ酸素と反応しやすい性質があるため、カドミウムの量を正極活物質より多くすることでガスの発生を抑えることができます。そのため使い勝手のよい密閉型にできるという利点もあり、ニカド電池は広く普及しました。

ただし、ニカド電池の正極端子にはガス圧が高まったときにガスを逃がすための弁が取り付けられており、まさかの破裂事故への備えも用意されています（図 3-2-1 下図）。

もっとも、カドミウムが有害であることに変わりはなく、EU（欧州連合）ではすでにニカド電池は製造禁止になりました。日本ではまだ作られていますが、製造量は減少しており、より高性能なニッケル水素電池やリチウムイオン電池への移行が進んでいます。

図 3-2-2　ニカド電池の電池反応

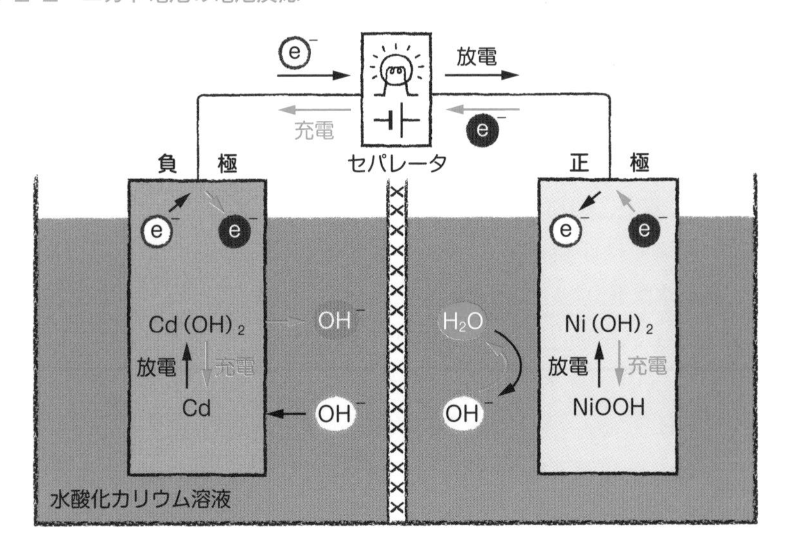

表 3-2-1　ニカド電池の長所と短所

長　所	短　所
・鉛蓄電池よりも丈夫で、振動や衝撃にも強く、大電流の充放電ができる ・低温時の電圧降下が小さい ・使用しやすい密閉型にできる	・電極に使用しているカドミウムが人体に有害 ・メモリー効果や自己放電が大きい ・熱暴走（温度の制御ができなくなり、異常高温になること）を起こす危険性がある

3-3 ニッケル亜鉛電池

ニッケル亜鉛電池は、ニッケル鉄電池やニッケル・カドミウム電池（ニカド電池）とは、負極物質だけが異なるアルカリ蓄電池です。

19世紀末から正極材と負極材の組み合わせが研究され、現在普及している電池の多くも100年以上前に発見されました。ニッケル亜鉛電池も、そもそもは1901年にエジソンが特許を取得しました。しかし、後で述べるように、技術的問題からなかなか実用化できませんでした。現在は、芝刈り機やレース車のスターターなどの電源に用いられています。

●ニッケル亜鉛電池の電池反応

ニッケル亜鉛電池の放電時の電池式は次のようになります。

《電池式》(−)Zn|KOH|NiOOH(+)

放電時、負極では亜鉛が酸化されて水酸化亜鉛になり、正極では酸化水酸化ニッケルが水酸化ニッケルに還元されます。充電時には逆の反応が起こります。したがって、電池反応式は次のようになります。

《負極》$Zn + 2OH^- \rightleftarrows Zn(OH)_2 + 2e^-$

《正極》$NiOOH + H_2O + e^- \rightleftarrows Ni(OH)_2 + OH^-$

《反応全体》$Zn + 2NiOOH + 2H_2O \rightleftarrows Zn(OH)_2 + 2Ni(OH)_2$ （図3-3-1）

ただし、負極の反応および反応全体を次のように表すこともあります。

《負極》$Zn + 2OH^- \rightleftarrows ZnO + H_2O + 2e^-$

《反応全体》$Zn + 2NiOOH + H_2O \rightleftarrows ZnO + 2Ni(OH)_2$

ニッケル亜鉛電池の公称電圧は、ニカド電池より高い1.6Vです。標準電極電位から電圧（起電力）を求めると、$Zn(OH)_2/Zn$は約−1.25V、$NiOOH/Ni(OH)_2$は約0.49Vなので、0.49−(−1.25)=1.74Vとなります。

●デンドライトの発生

ニッケル亜鉛電池は、アルカリ蓄電池の中では比較的起電力が大きく電力密度も大きいものです。それに亜鉛にはカドミウムのような有害性はありません。にもかかわらず、ニッケル亜鉛電池の普及が長い間進まなかった最大の理由の1つは**デンドライト**にあります（図3-3-2)。

一時期、金属リチウム二次電池に発熱や発火の問題が多発しましたが、これもデンドライトによるものです。デンドライトについてはp124でくわしく説明しています。

図3-3-1　ニッケル亜鉛電池の電池反応

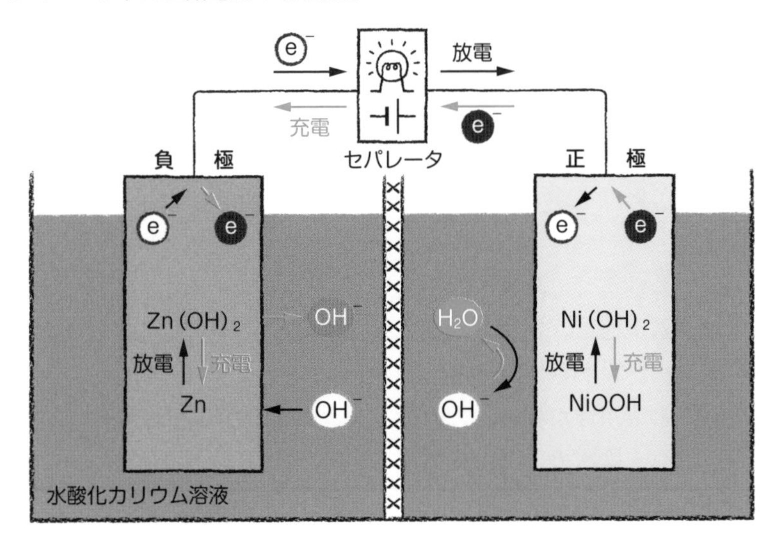

図3-3-2　デンドライトが及ぼす影響

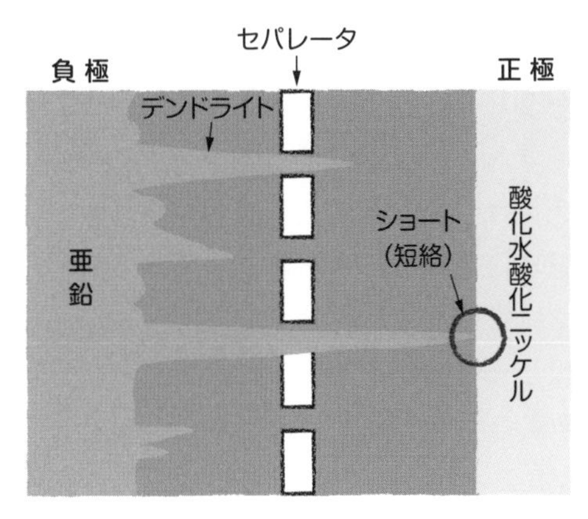

放電・充電するたびに、負極の亜鉛が溶解と析出を繰り返すうちに針状の結晶（デンドライト）となって成長、やがてセパレータを突き抜け、正極にまで伸びてショート（短絡）を引き起こす。そのため、充放電の繰り返し回数（サイクル寿命：➡p120）を増やすことができなかった

3-4 ニッケル水素電池

ニッケル水素電池は、アルカリ蓄電池の中で最も成功している電池です。図 3-4-1 に電池工業会がまとめた、2019 年 4 月から 2020 年 1 月までに国内で生産された電池の生産量を示しました。

二次電池で圧倒的な生産量を誇るのは**リチウムイオン電池**ですが、続くのはニッケル水素電池です。二次電池の生産量全体に占める小型二次電池の割合は 96.5 %。そして、小型二次電池の生産量に占めるニッケル水素電池の割合は 27.4 %です。したがって、日本で作られているすべての二次電池のうち、およそ 4 個に 1 個以上がニッケル水素電池なのです。

●ニッケル水素電池の構造と名称

ニッケル水素電池は、負極活物質が**水素吸蔵合金**、正極活物質が酸化水酸化ニッケル、電解質が水酸化カリウム溶液です。他のニッケル系アルカリ蓄電池と負極活物質だけが異なるだけで、構造もほぼ同じです（図 3-4-2）。

放電時の電池式は次のようになります。

《電池式》(－)MH|KOH|NiOOH(＋)

負極の **MH** が水素吸蔵合金を表します。充電された状態の負極では、合金の結晶格子の間に原子状の水素が吸蔵されており、負極活物質は実質的には水素といえます。この MH を使って、ニッケル水素電池を **Ni-MH** と表すこともあります。

水素吸蔵合金はプロチウム吸蔵合金とも呼ばれています。プロチウムとは質量数が 1 の、つまり原子核が陽子であるふつうの水素のことで、軽水素ともいいます。プロチウムは、陽子「プロトン」と同じ語源の言葉です。

もっとも、水素吸蔵合金を表す記号にプロチウム関連のアルファベットは出てこず、上記のとおり、MH と表します。MH は「Metal Hydride」の略で、ハイドライドは「水素化物」を意味しますので、ニッケル水素電池を専門的にいうとニッケル金属水酸化物電池となり、学問的にはこちらの名称を使うことも多くあります。

一般に、「ニッケル水素電池」といえばここで紹介している電池を指しますが、実をいうと、ニッケル水素電池にはもう１種類あり、それは高圧タンクに水素ガスを貯蔵した特殊な電池で、$Ni-H_2$ と表されます〈➡ p94〉。

図 3-4-1　ニッケル水素電池の国内生産量割合

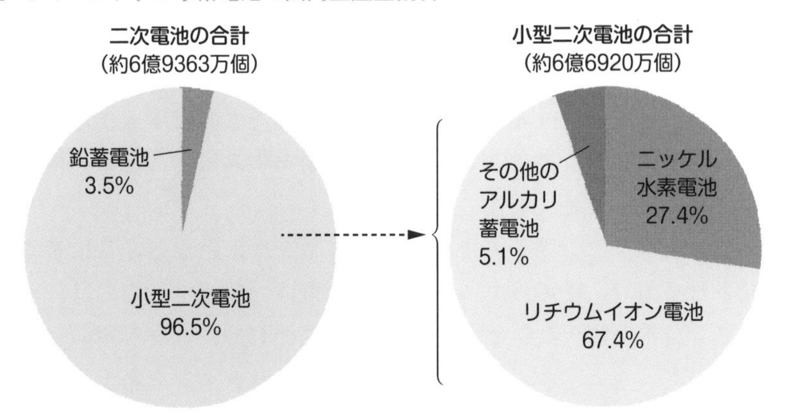

※電池工業会調べ。会員企業の2019年4月～2020年1月における生産個数より計算して作成

図 3-4-2　ニッケル水素電池の構造

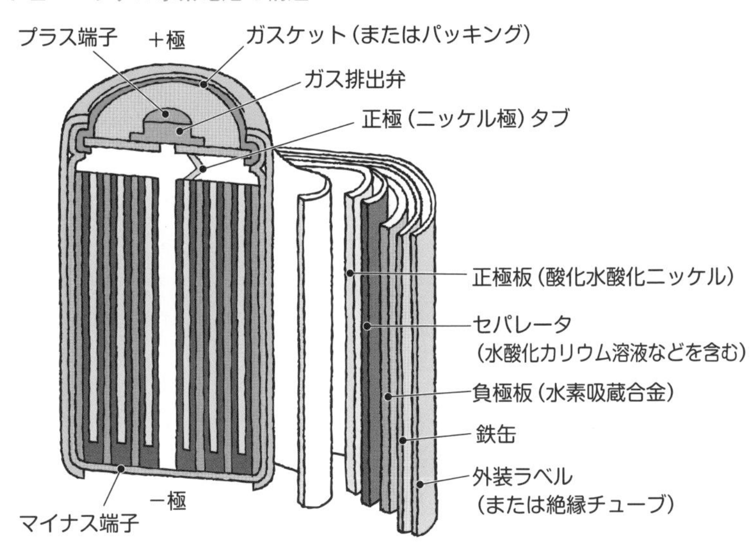

小形ニッケル水素電池にはパナソニックの「エネループ」や「充電式エボルタ」などがある

●水素吸蔵合金

多くの金属にはもともと水素を吸収する性質があり、それを生かして合金化したものが水素吸蔵合金で、水素を可逆的に吸蔵・放出できます（図3–4–3）。**水素貯蔵合金**ともいい、自己体積の1000倍もの水素を吸蔵できます。

水素吸蔵合金の用途には、水素貯蔵タンクの媒体、ヒートポンプ、コンプレッサー、そしてニッケル水素電池の負極材料があります。ヒートポンプは、水素ガスに圧力をかけて水素吸蔵合金に吸収させると熱を放出し、逆に熱を与えると水素ガスを放出するという性質を利用したものです。また、低温で水素を吸蔵させた合金を過熱して高圧力の水素を生み出すことを利用して、コンプレッサーとして使えます。

水素吸蔵合金はチタン系や希土類系、マグネシウム系など非常に多くの種類が開発されており、そのうちニッケル水素電池の負極材としては、ニッケルとランタン（希土類）の合金「$LaNi_5$」を代表として、ニッケルの一部をコバルト、アルミニウム、マンガンなどに置換し、ランタンを希土類元素の混合物（ミッシュメタルという）に換えた材料などが使われます。

●ニッケル水素電池の電池反応

さて、ニッケル水素電池（Ni–MH）の話にもどります。電池反応は、放電時、負極では水素吸蔵合金が水素を離して水ができます（酸化反応）。充電時には、その逆の反応が起こります。

《負極》$MH + OH^- \rightleftarrows M + H_2O + e^-$

正極ではニカド電池などと同様に、放電時には酸化水酸化ニッケルが水酸化ニッケルに還元され、充電時には逆の反応が起こります。

《正極》$NiOOH + H_2O + e^- \rightleftarrows Ni(OH)_2 + OH^-$

放電でも充電でも負極と正極で水がただちに相殺され、見かけ上電池反応全体には関係しません。

《反応全体》$MH + NiOOH \rightleftarrows M + Ni(OH)_2$ （図3–4–4）

ニッケル水素電池の公称電圧は1.2Vです。標準電極電位から電圧（起電力）を求めると、M/MHは約−0.82V、$NiOOH/Ni(OH)_2$は約0.49Vなので、$0.49-(-0.82)=1.31$Vとなります。

ニッケル水素電池はニカド電池と比べてエネルギー密度が高くてサイクル

寿命も長い上に、カドミウムのような有害物質を含まないため、急速に需要が伸び、普及が進みました。

図 3-4-3　水素吸蔵合金のしくみ

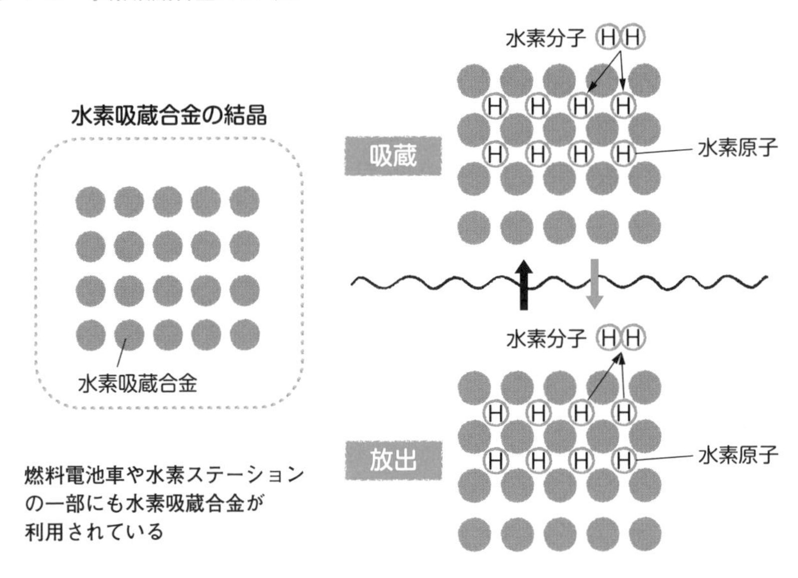

図 3-4-4　ニッケル水素電池の電池反応

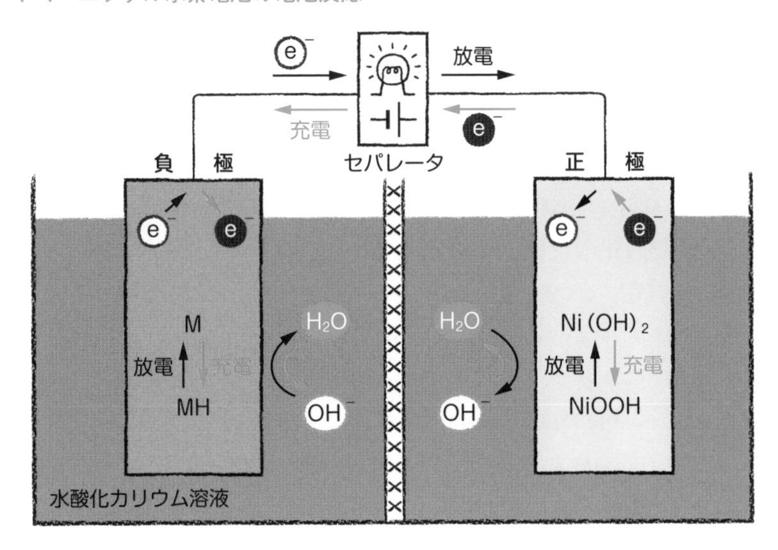

3-5 宇宙で活躍してきたもう1つのニッケル水素電池 $Ni\text{-}H_2$

ニッケル水素電池には、**$Ni\text{-}H_2$**で表されるもう１つの電池があります。これは**高圧型ニッケル水素電池**とも呼ばれ、高圧タンクに貯蔵した圧縮水素ガスを負極に用いたものです。街中で$Ni\text{-}H_2$を見かけることはほとんどありません。なぜなら、$Ni\text{-}H_2$は主として人工衛星や宇宙探査機に使われてきたからです。

宇宙機にとって二次電池は核心装置の１つです。人工衛星の場合、太陽光を浴びる時間と地球の陰に隠れる時間が目まぐるしく交代します。国際宇宙ステーションでは、24時間で昼と夜が16回もやってきます。

このような特殊な宇宙環境での使用に当たって、大型で堅牢、耐久性があり、サイクル寿命が長い二次電池が求められ、1970年代にアメリカで$Ni\text{-}H_2$の開発が始まり、ハッブル宇宙望遠鏡にも使用されました。ちなみに、これまで宇宙機用の電池として、鉛蓄電池やニカド電池、Ni-MHなども使われてきましたが、現在はリチウムイオン電池が主流になっています。

●$Ni\text{-}H_2$の構造と電池反応

$Ni\text{-}H_2$は、電池自体を圧力容器内に収納し、30〜70気圧の高圧水素ガスを充満させます（図3-5-1）。この水素ガスが負極活物質になります。対する正極の活物質は酸化水酸化ニッケルで、電解質は水酸化カリウム溶液です。したがって、放電時の電池式は次のようになります。

《電池式》$(-)H_2|KOH|NiOOH(+)$

負極と正極での化学反応は次のとおりです。

《負極》$H_2 + 2OH^- \rightleftarrows 2H_2O + 2e^-$

《正極》$NiOOH + H_2O + e^- \rightleftarrows Ni(OH)_2 + OH^-$

見かけ上水は発生せず、全体の反応は次のようになります。

《反応全体》$H_2 + 2NiOOH \rightleftarrows 2Ni(OH)_2$　（図3-5-2）

$Ni\text{-}H_2$の公称電圧は約1.2Vです。標準電極電位から電圧を求めると、H_2O/H_2は約−0.83V、$NiOOH/Ni(OH)_2$は約0.49Vなので、$0.49-(-0.83)=$

1.32V となります。

$Ni-H_2$はおよそ10年の寿命がありますが、何より図体が大きいために体積エネルギー密度が小さいという欠点があります。

図 3-5-1　$Ni-H_2$電池の構造

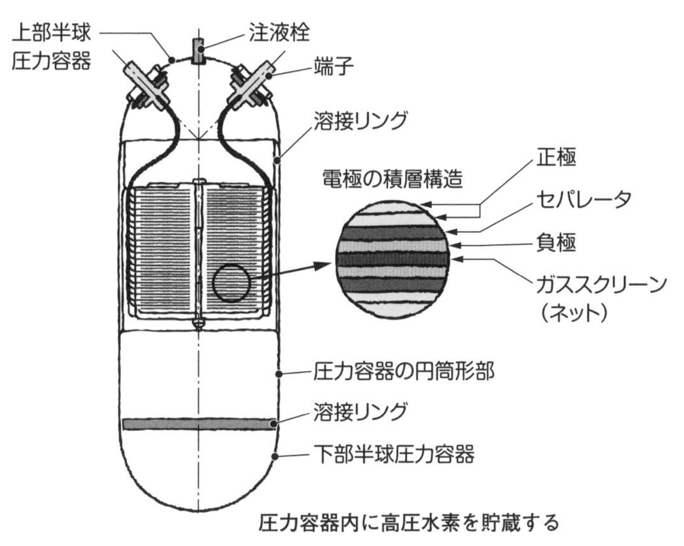

図 3-5-2　$Ni-H_2$電池の電池反応

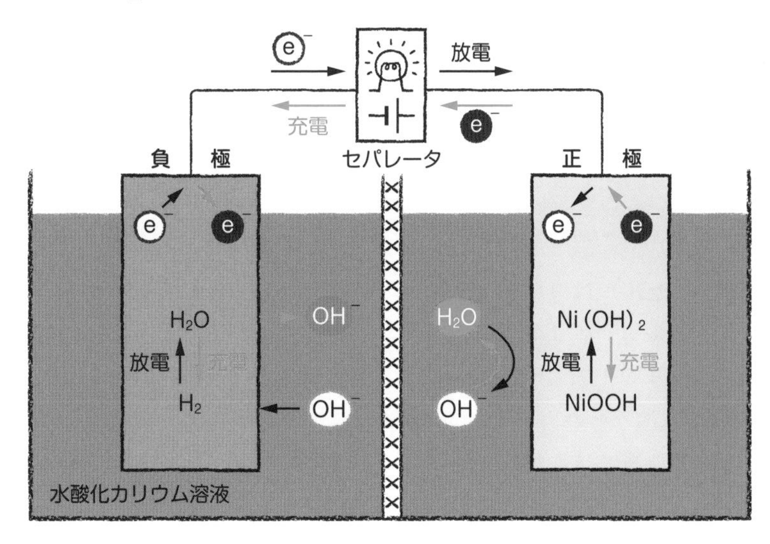

3-6 NAS電池

NAS電池は、正式には**ナトリウム硫黄電池**といいます。負極活物質にナトリウム、正極活物質に硫黄を用いた二次電池です。1967年にアメリカのフォード自動車社が原理を発表したものを東京電力と日本ガイシが事業化し、2003年から量産を開始しました。ナトリウム（元素記号Na）と硫黄（元素記号S）から名づけられたNASは、日本ガイシの登録商標ですが、広くその名が浸透しています。

●電極活物質が液体で電解質が固体

NAS電池の電解質はβ（ベータ）アルミナと呼ばれるファインセラミックスです。ファインセラミックスとは、材料の組成から製造工程まで高度に制御された高機能セラミックのことです。アルミナはAl_2O_3で表される酸化アルミニウムをいい、βアルミナは酸化ナトリウムを含んだ酸化アルミニウムで、化学式で表すと$Na_2O \cdot 11Al_2O_3$（β″アルミナは$Na_2O \cdot 5\text{–}7Al_2O_3$）になります。

NAS電池がこれまで紹介した二次電池と最も異なっているのは、電極活物質が液体で、電解質が固体であることで、他の二次電池とは逆です。電解質はイオンが移動できることが必須ですが、固体でも大丈夫かといえば問題ありません。βアルミナの結晶中を、ナトリウム原子や電子は通過できませんが、ナトリウムイオンのみ移動できます〈➡ p98〉。

また、電解質を固体にすることによって、セパレータが不要になりました。

●NAS電池の構造

電池単体（**セル**）は3層構造になっていて、内側から負極のナトリウム、電解質のβアルミナ、正極の硫黄です。そしてこれらが電池容器に収納されています（図3-6-1）。このセルを数十から数百本接続すると大容量の電池（**モジュール**電池）となります。現在運用されているNAS電池を使用した大規模電力貯蔵設備では、多数のモジュール電池を詰めた**ユニット**を並べて運用しており、 ユニット数を換えることで容量を調整できます。

NAS電池は電池全体をおよそ300℃の高温状態で作動させます。金属ナトリウムの融点は約97.8℃、硫黄の融点は約115.2℃なので、どちらの活物質も溶融して液体状態になります。

図 3-6-1　NAS 電池の構造とシステム

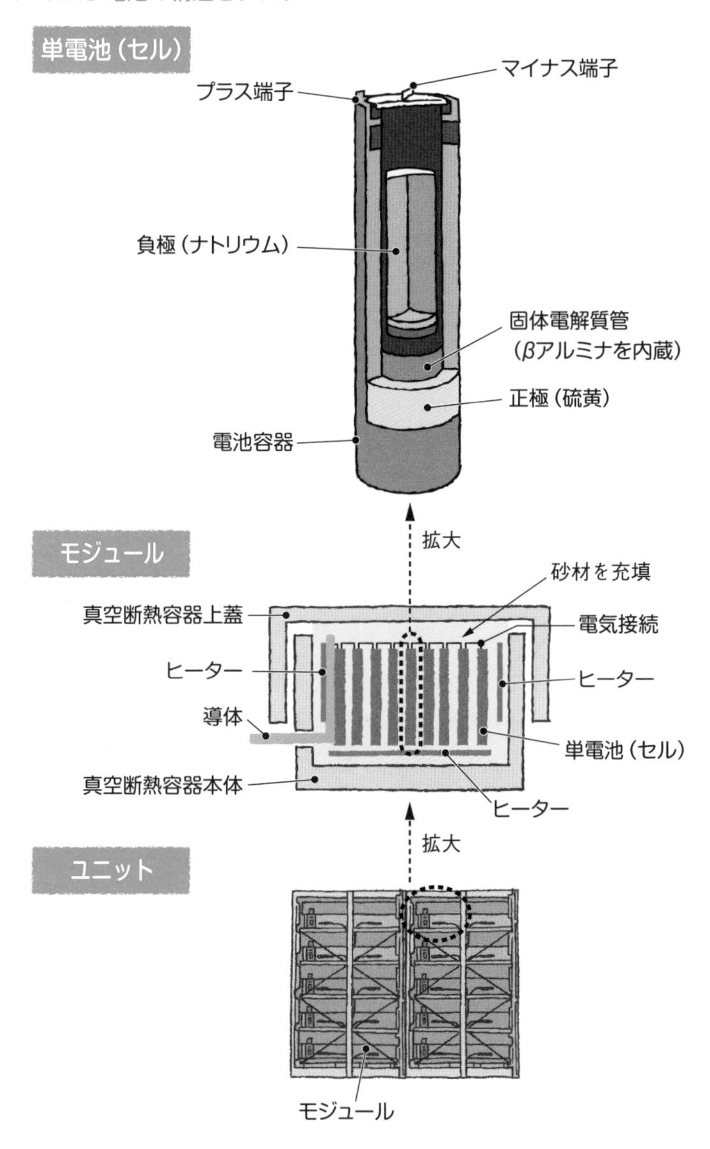

●NAS電池の電池反応

NAS電池では、負極のナトリウムのほうが電子のエネルギーが高いため、放電時にはナトリウムが酸化されてナトリウムイオンになります。放出された電子が外部回路を通って正極に移動する一方、ナトリウムイオンは固体電解質を通過して、正極へ向かいます。そして、正極活物質の硫黄と電子、ナトリウムイオンが結びつき多硫化ナトリウム（Na_2S_X）に還元されます。充電時には各電極で逆反応が起こります。

したがって、負極と正極の電池反応は次のようになります。

《負極》$Na \rightleftarrows Na^+ + e^-$

《正極》$5S + 2Na^+ + 2e^- \rightleftarrows Na_2S_5$

負極の両辺を2倍すると、電池反応全体は、

《反応全体》$2Na + 5S \rightleftarrows Na_2S_5$　（図3-6-2）

ただし、過放電状態が続くと、［$Na_2S_5 \rightarrow Na_2S_2$］まで反応が進んでしまいます。$Na_2S_2$は充電してもNaとSにもどりにくいので、過放電には注意が必要です。なお、NAS単電池の公称電圧は2.1Vです。

●NAS電池の長所と短所

NAS電池は自然エネルギーの**電力負荷平準化**ですでに実績があります。電力負荷平準化とは、時間帯や季節で変動する電力需要に対して、需要の少ないときに電力を貯蔵して、需要の多いときに利用することで負荷を均一に近づけることをいいます。加えて、NAS電池にはさらなる高性能化への期待も高く、現在も活発に研究開発が行われています。なお、直流⇄交流の変換には、インバータ・コンバータが必要になります。

NAS電池の主な長所と短所を整理すると、次のとおりです。

【長所】

・大容量で高出力。しかも、鉛蓄電池に比べて安価。
・エネルギー密度が鉛蓄電池の約3倍。リチウムイオン電池と遜色ない。
・耐久性が高く、耐用年数が15年以上。サイクル寿命〈➡ p120〉も長い。
・自己放電が少なく、長期間の電力貯蔵が可能。
・メモリー効果〈➡ p122〉がない　など。

【短所】

・一定出力を持続的に出せるが、一度に大電力を放出できない。
・温度を約 300 ℃に保つために設備や建屋が必要。
・発火してもナトリウムや硫黄のために水系の消火剤が使えない。
・過去に火災事故の例がある　など。

図 3-6-2　NAS 電池の電池反応

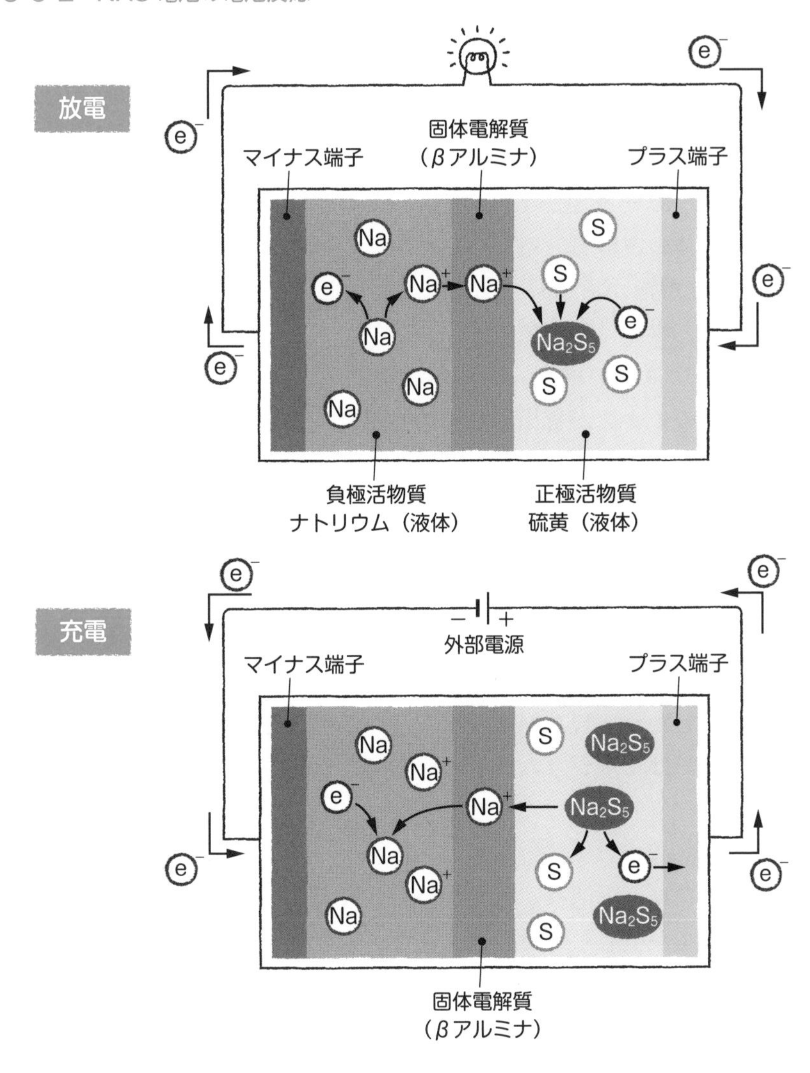

3-7 レドックスフロー電池

NAS電池と同じく、大規模電力貯蔵用途に使用されているのが**レドックスフロー電池**です。レドックスとは「reduction and oxidation」を略した造語で、「還元と酸化」を意味し、フローは電解液の「流れ」のことです。つまり、レドックスフロー電池は電解質の流れの中で起こる酸化還元反応によって電気を取り出す電池です。

●電解液が活物質！

レドックスフロー電池がNAS電池とも、その他の二次電池とも異なっているのは、液体の電解質（電解液）の中に正極・負極の活物質が含まれている点です。「電解液が活物質である」といったほうがわかりやすいかもしれません。通常、媒質は希硫酸です。

一般的な二次電池の場合、固体の活物質が電解質に溶け出してイオンになったり、そのイオンが析出したりして充放電が行われますが、レドックスフロー電池では、その金属イオンがすでに電解液に溶けていて、析出することなく、イオンのままで酸化・還元されて充放電が行われます。

活物質が液体だと、充放電を繰り返しても固体の電極や活物質のように変形したりすることがないので、長期に安定して使えます。

レドックスフロー電池の原理は、1974年にNASA（アメリカ航空宇宙局）が初めて発表し、各国で開発が始まりました。当初は鉄－クロム系の活物質が研究されましたが、現在バナジウム系を使用したものが実用化されていますので、ここではバナジウム・レドックスフロー電池について紹介します。

●電池の構成とセルの構造

レドックスフロー電池は、電池といっても大がかりな装置で、電池反応の舞台であるセルが積層したセルスタック、電解液を貯蔵するタンク、電解液を循環させるためのポンプ、外部の交流回路と接続するためのインバータなどからなります（図3-7-1）。インバータとは直流・交流の変換器のことです。

レドックスフロー電池では、タンクにためた電解液をポンプで電池セルに循環させて発電を行います。電池反応において主役を演じる電解液は、通常、酸化硫酸バナジウムの水和物（$VOSO_4 \cdot nH_2O$）を希硫酸に溶解して4価のバナジウムイオン溶液にし、それを電気分解して異なる価数のバナジウムイオン溶液を作ります。それらのイオンが活物質となります。

図 3-7-1　レドックスフロー電池のシステム構成

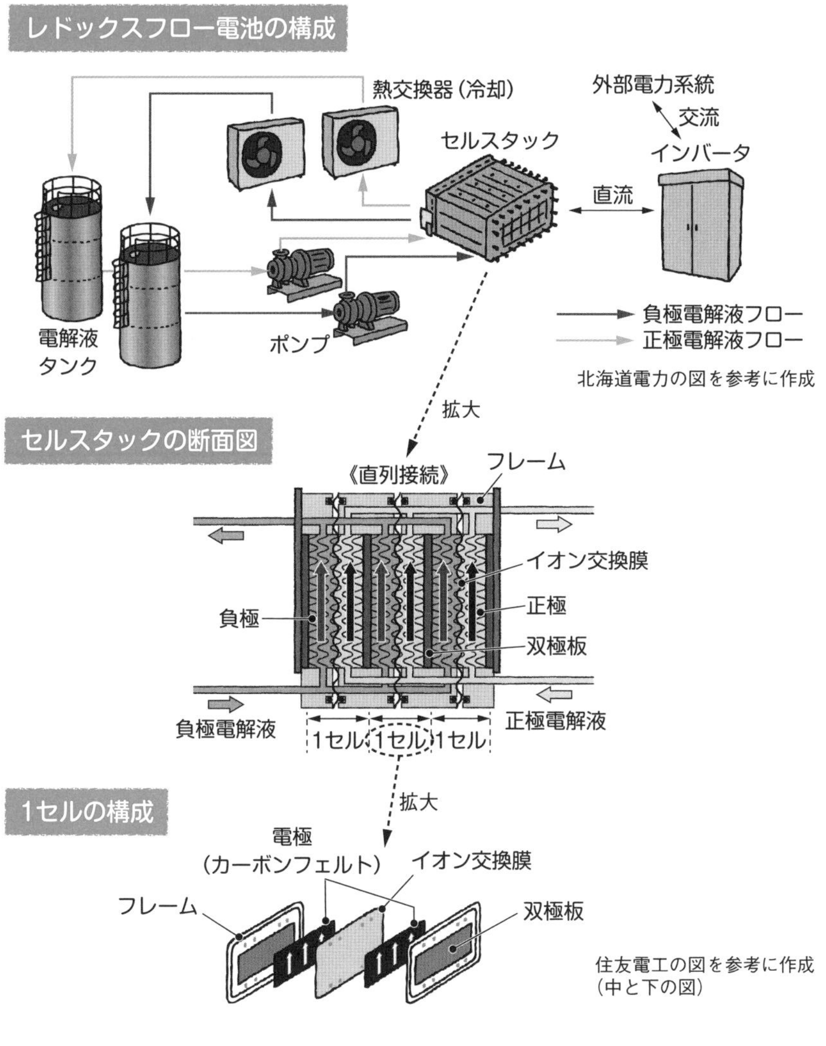

活物質と電子の受け渡しを行う電極（集電体）には正・負ともにカーボンフェルトが使われます。これは炭素繊維でできたシート状の物質です。

負極と正極の電解液は**イオン交換膜**で分離されています。イオン交換膜はいわゆるセパレータで、陽イオンのみもしくは陰イオンのみを選択的に通過させることができます。レドックスフロー電池のイオン交換膜は水素イオン（H^+）を通過させます。

2つのタンクにためられた負極と正極の電解液は、ポンプによってセパレータの両側を別々に流され、セルスタックとタンクの間を循環します。

●レドックスフロー電池の電池反応

酸化硫酸バナジウム（$VOSO_4$）の電気分解によって、負極では、$VO^{2+} \rightarrow V^{2+} \rightarrow V^{3+}$の2段階の酸化反応が起こりますが、電池反応では$V^{2+} \rightleftarrows V^{3+}$となります。他方、正極では、$VO_2^+ \rightarrow VO^{2+}$の還元反応が起こります。

したがって、放電前には、負極の電解液にはV^{2+}が、正極の電解液にはVO_2^+が含まれており、放電と、その後の充電の際には次のような電池反応が起こります。

《負極》$V^{2+} \rightleftarrows V^{3+} + e^-$

《正極》$VO_2^+ + 2H^+ + e^- \rightleftarrows VO^{2+} + H_2O$

したがって、電池反応全体は次のようになります。

《反応全体》$V^{2+} + VO_2^+ + 2H^+ \rightleftarrows V^{3+} + VO^{2+} + H_2O$　（図3-7-2）

ちなみに、レドックスフロー電池ではイオンの酸化還元反応で電圧が生じますので、バナジウムイオンのように価数が異なるイオンが複数ある元素しか活物質として使えません。なお、単電池セルの公称電圧は1.4Vです。

レドックスフロー電池の主な長所・短所は次のとおりです。

【長所】

・ガスの発生がなく安全性が高い。

・負極と正極のタンクが分かれているため自己放電がなく長寿命。

・NAS電池と同様に大規模電力貯蔵に向いており、そのNAS電池との比較では、室温で作動可能なところが有利　など。

【短所】

・レアメタルの一種であるバナジウムが高価。

・バナジウムの溶解度に限度があるため、エネルギー密度が小さい。
・ポンプの設置や稼働にコストがかかる。
・電解液をためるタンクが必要なので、小型化に不向き　など。

図 3-7-2　レドックスフロー電池の電池反応

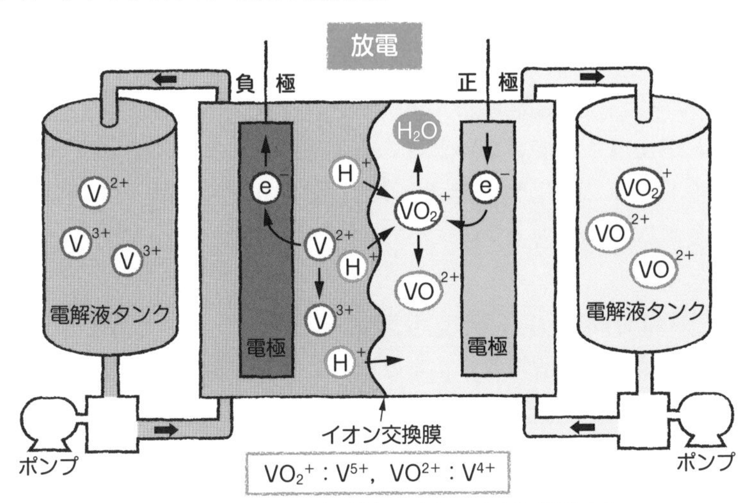

負極では、2価のバナジウムイオンが3価に酸化され、
正極では、5価のバナジウムイオンが4価に還元される

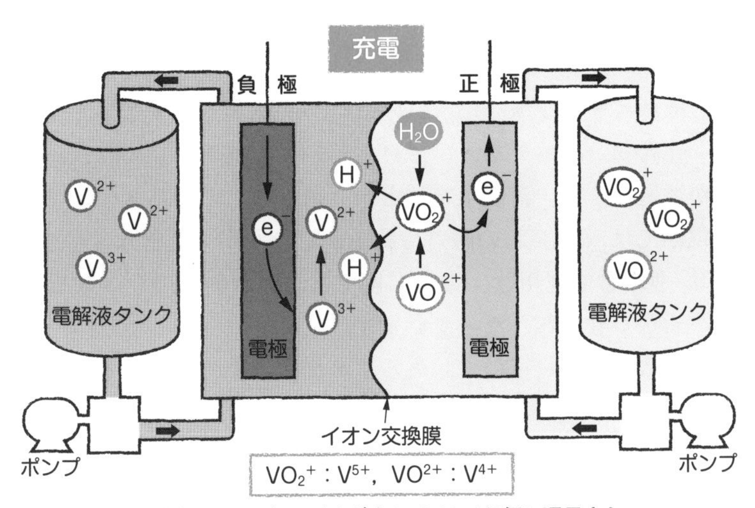

負極では、3価のバナジウムイオンが2価に還元され、
正極では、4価のバナジウムイオンが5価に酸化される

3-8 ゼブラ電池

通称「**ゼブラ電池**」自体は、シマウマとはまったく関係がありません。しかし、1985年に南アフリカで発明されましたので、研究者はアフリカを意識して命名したのでしょう。由来は「for the **Ze**olite **B**attery **R**esearch **A**frica Project」(ゼオライト電池研究アフリカプロジェクト)です。ただ、電池にゼオライトが使用されていないところも不思議といえば不思議です。ちなみにゼオライトは、二酸化ケイ素(シリカ)と酸化アルミニウム(アルミナ)を主成分とする天然鉱物です。

●固体電解質を融かして使う溶融塩電池

ゼブラ電池は、負極活物質にナトリウム、正極活物質に塩化ニッケル、電解質に固体の塩化アルミニウムナトリウム($NaAlCl_4$)を用いた、ナトリウム塩化ニッケル電池です(図3-8-1)。**溶融塩電池**の一種で、室温では非導電性の固体電解質が正極と負極の活物質を隔離するので、自己放電が起こらず、長期保存できます。

ゼブラ電池は高温状態で運用します。電解質が固体で、高温で作動、といえばNAS電池に似ていますが、NAS電池と違ってゼブラ電池の電解質は高温で融解し液体になります。電解質の$NaAlCl_4$は陽イオンと陰イオンが結合したイオン化合物(塩(えん))であり、融けて初めて電解質として働き、ナトリウムイオンが通過します。溶融塩電池という名称はここからきています。

ゼブラ電池では$NaAlCl_4$の融点は約160℃ですが、通常NAS電池とほぼ同じ約250～300℃で運用し、この温度では負極活物質のナトリウムも正極活物質のニッケルも液体となっています。

放電・充電時の負極・正極で起こる電池反応は次のとおりです。

《負極》 $Na \rightleftarrows Na^+ + e^-$

《正極》 $NiCl_2 + 2Na^+ + 2e^- \rightleftarrows 2NaCl + Ni$

負極の両辺を2倍すると、電池反応全体は次のようになります。

《反応全体》 $2Na + NiCl_2 \rightleftarrows 2NaCl + Ni$ (図3-8-2)

公称電圧は約2.9Vです。ゼブラ電池は、腐食が起こりにくく、電池としての信頼性が高い、サイクル回数が多く、電池の寿命が長いという長所があります。その反面、NAS電池と同様、高温で作動させるための設備が必要で、運用のコストもかかるというのが短所です。

図3-8-1　ゼブラ電池（セル）の構造

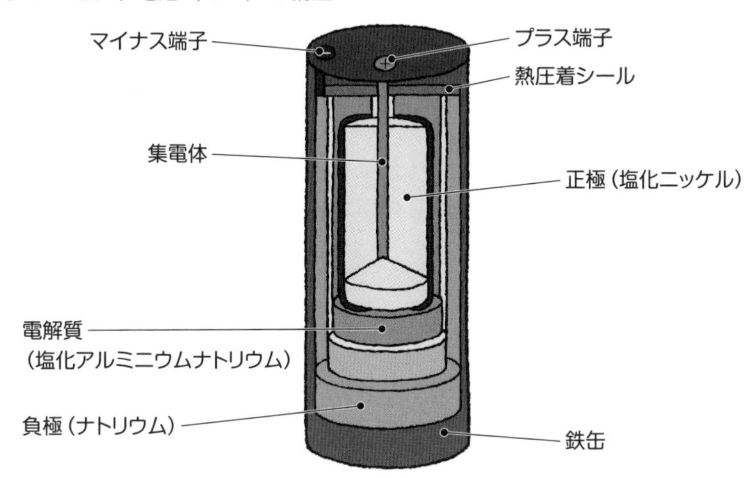

図3-8-2　ゼブラ電池の電池反応

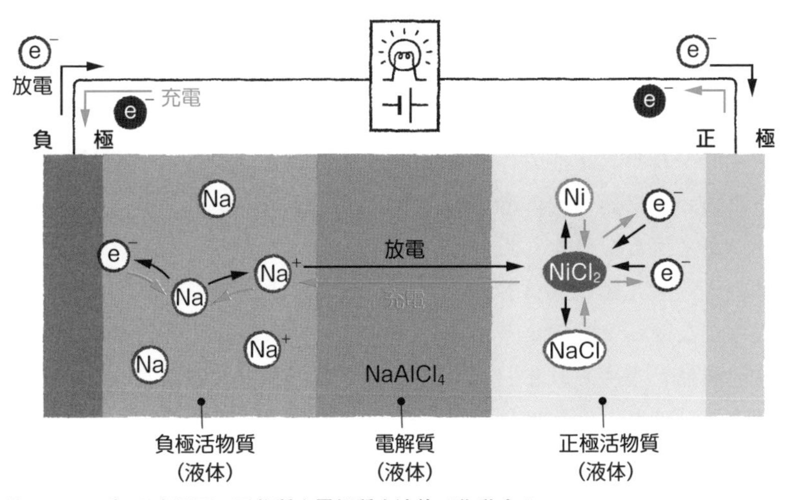

3-9 酸化銀二次電池

一次電池の**酸化銀電池**は、製品のほとんどがボタン形の乾電池です。公称電圧は1.55V。放電に伴う電圧降下がほとんどなく、公称電圧が寿命が尽きる直前までほぼ維持されます。1946年に初めて実用化され、これまで電卓や腕時計、LEDライトなど、小型電子・電気機器に広く使われてきました。

酸化銀電池は銀亜鉛電池とも呼ばれ、負極活物質に亜鉛、正極活物質に酸化銀、電解質には水酸化カリウム溶液（または水酸化ナトリウム溶液）が用いられています（図3-9-1）。放電時の電池反応は次のようになります。

《負極》 $Zn + 2OH^- \rightarrow ZnO + H_2O + 2e^-$

《正極》 $Ag_2O + H_2O + 2e^- \rightarrow 2Ag + 2OH^-$

導電性があまりよくないAg_2Oに比べて、放電で増えていくAgは導電性にすぐれているため、電圧降下がありません。

電池反応全体は次のようになります。

《反応全体》 $Zn + Ag_2O \rightarrow ZnO + 2Ag$ （図3-9-2）

●酸化銀電池の円筒型二次電池

実は、酸化銀電池はもともと二次電池として開発が始まったこともあり、ある程度充電できます。しかし、過充電では酸素ガスが発生し、電池が膨張して破裂する恐れがあるので、一次電池の充電は禁止されています。

二次電池より一次電池のほうが先に普及した酸化銀電池ですが、銀が高価であるため、価格競争力の面から銀をあまり使わない小さなボタン電池（一次電池）が主流となりました。

とはいえ、酸化銀電池はアルカリ乾電池よりエネルギー密度が高いうえに、自己放電がなく、上記のように電圧が安定しているなどの特長があるため、二次電池製品が求められました。これまで、小型二次電池がソーラーパネルで駆動する腕時計（太陽電池時計）の蓄電用として販売されたこともあります。また、価格より性能が重視される特殊な用途向けに大型製品も開発されました。たとえば、ミサイルやロケット、深海探査船用などです。しかし、充電時にデンドライト〈➡ p124〉が発生するなどの問題もあり、現在では性能の面で上をいくリチウム系電池に置き換わっています。

酸化銀二次電池の放電時の反応は一次電池と同じで、充電時はそれらの逆反応が起こります（図 3-9-2）。

図 3-9-1　酸化銀一次電池の構造

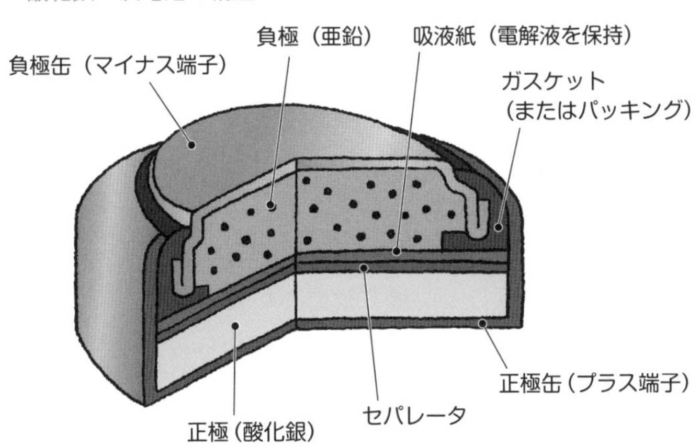

図 3-9-2　酸化銀二次電池の電池反応　※放電時の反応は一次電池も同じ

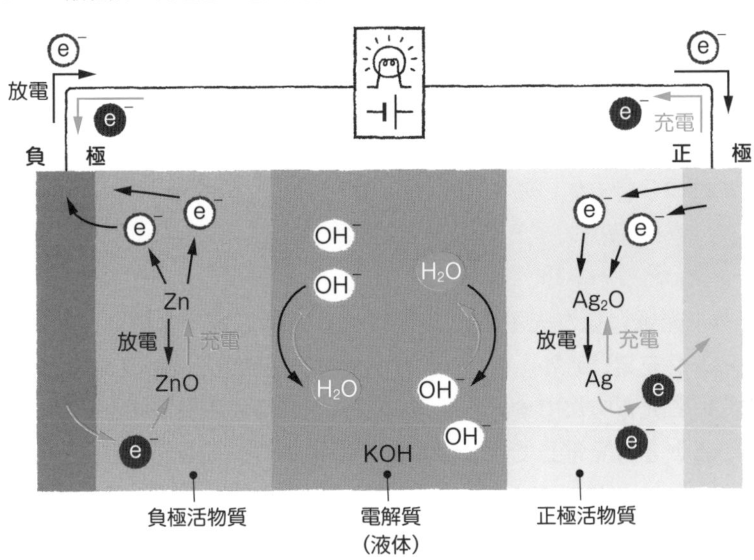

3-10 二次電池の充電方法

二次電池の**充電**は**放電**の逆反応です。しかし、ひとくちに「充電」といっても、どのタイミングで充電するか、あるいはどれくらいの電圧をかけるのか、どれくらいの電流を流すのかなど、さまざまなやり方があります。

●サイクル充電とトリクル充電

私たちがふだんスマートフォンをどのように使っているかというと、ふつう外出先でネットを見たり電話をかけたりし、家に帰って充電します。このような充電のやり方を**サイクル充電方式**といいます。つまり、ある程度放電したら充電をする、ということを繰り返しています。

スマホを充電器やコンセントにつないだ瞬間から、スマホに搭載された二次電池に電流が流れ、急速に充電が進みます。そして、フル充電になると電流が止まる……かと思いきや、微弱な電流が流れ充電が続きます。この「微弱な電流による充電」を**トリクル充電方式**（または**細流充電**）といいます。

実は、二次電池は一次電池より自己放電（自然放電）しやすいので、放っておくとどんどん電気容量が減っていきます。トリクル充電はその分を補い、常にフル充電状態を維持しているのです。「トリクル（trickle）」とは英語で「チョロチョロ流れる」ようすを意味します。

もっとも、スマホの機種によっては、フル充電の80％くらいになるとトリクル充電に切り替えているものもあります（図3-10-1）。

●カーバッテリーの充電

トリクル充電に似た充電方式に**フロート充電方式**（または**浮動充電**、**フローティング充電**）があります。これはカーバッテリー（鉛蓄電池）などで採用されている充電方法です。自動車に搭載されている発電機は、エンジンを回しているときに発電していますが、その電気の一部を充電に使う技術です。

カーバッテリーがいつもフル充電に近い状態に保たれているのはフロート充電のおかげであり、自動車を長期間放置するとバッテリーがあがるのは、自己放電するだけでフロート充電が行われないからです。

　トリクル充電では外部電力が仕事をする負荷回路と二次電池への充電回路が切り離されているのに対して、フロート充電では負荷と二次電池が並列に接続され、外部電力は仕事をしつつ二次電池を充電します（図 3-10-2）。

図 3-10-1　iPhone のサイクル充電

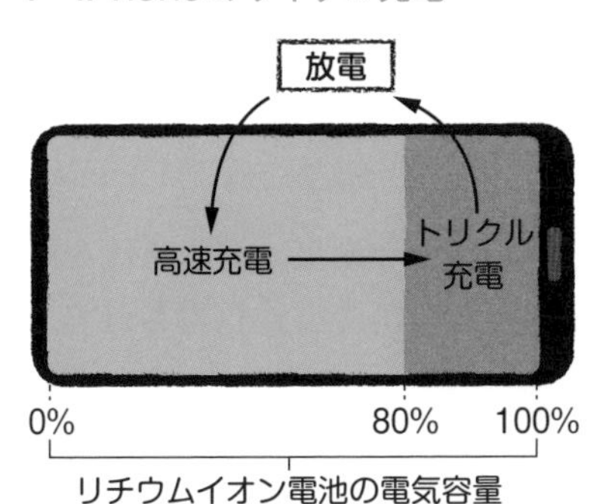

図 3-10-2　トリクル充電の回路とフロート充電の回路

①トリクル充電の回路

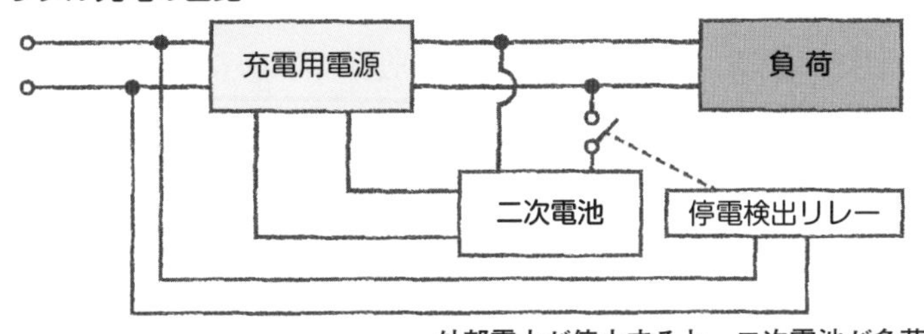

②フロート充電の回路

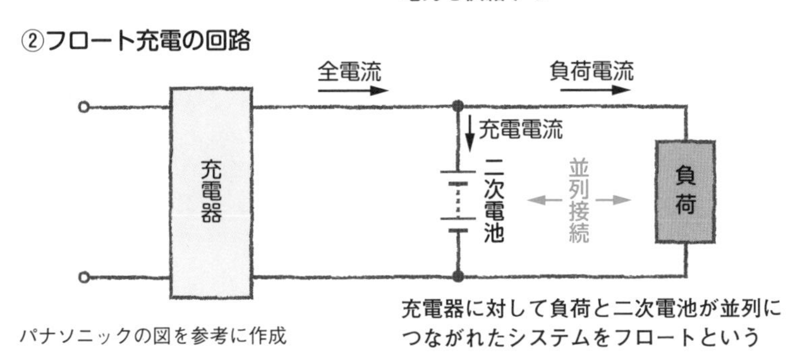

パナソニックの図を参考に作成

●充電電圧・電流による充電方法の分類

二次電池を充電するのに、外部からどのような電圧をかけたり電流を流したりするのかについては、主に次の①〜⑤の方法があります（図3-10-3）。

①定電圧充電法（CV充電法）

二次電池に加わる電圧を一定に保つ充電法です。充電初期には大きな電流が流れ、充電が進むにつれて小さくなります。電池の温度が上昇し過ぎたり、電極板が損傷したりすることがないように、充電初期は低い電圧にして、段階的に電圧を上げる多段式の充電方法をとるやり方もあります。CVは「Constant Voltage」の頭文字です。

また、定電圧充電の変形で、電圧が上昇した充電末期に電流を小さくして過充電を防ぐ準定電圧充電法も一般的な充電器に広く採用されています。

②定電流充電法（CC充電法）

電流を一定に保って充電する方法です。充電が進むにつれて端子電圧が上昇していきます。比較的小さな定電流で過充電を防ぎつつ充電したり、段階的に電流を小さくする多段式をとるやり方もあります。定電圧充電法に比べて短時間でフル充電することができ、ニカド電池やニッケル水素電池で採用されてきました。CCは「Constant Current」の頭文字です。

また、定電流充電法の変形で、充電が進行するにつれて端子電圧が上昇し、それに伴って充電電流も減少する準定電流充電法もあり、広く普及しています。

③定電流・定電圧充電法（CC–CV充電法）

定電圧充電と定電流充電の短所を改善した、充電初期は定電流で急速充電し、その後定電圧での充電に切り替える方法です。過充電を防ぐことができ、リチウムイオン電池〈➡p140〉に採用されています。なお、CC→CVのあとに再びCCを導入する方法も普及しています。

④定電力充電法（CP充電法）

充電初期は電圧が低いので電流を大きくし、電圧が上昇すると電流を下げて充電します。電力（電流×電圧）を一定値に設定した充電法です。CPは「Constant Power」の頭文字です。

⑤パルス充電法

電流をオン・オフする周期的なパルス電流で充電します。電流オフの間に電解液が拡散されて均一化し、またサルフェーション〈➡ p76〉の生成を防ぐので、充電効率が高くなる利点があります。

図 3-10-3　充電電圧・電流による充電方法の分類

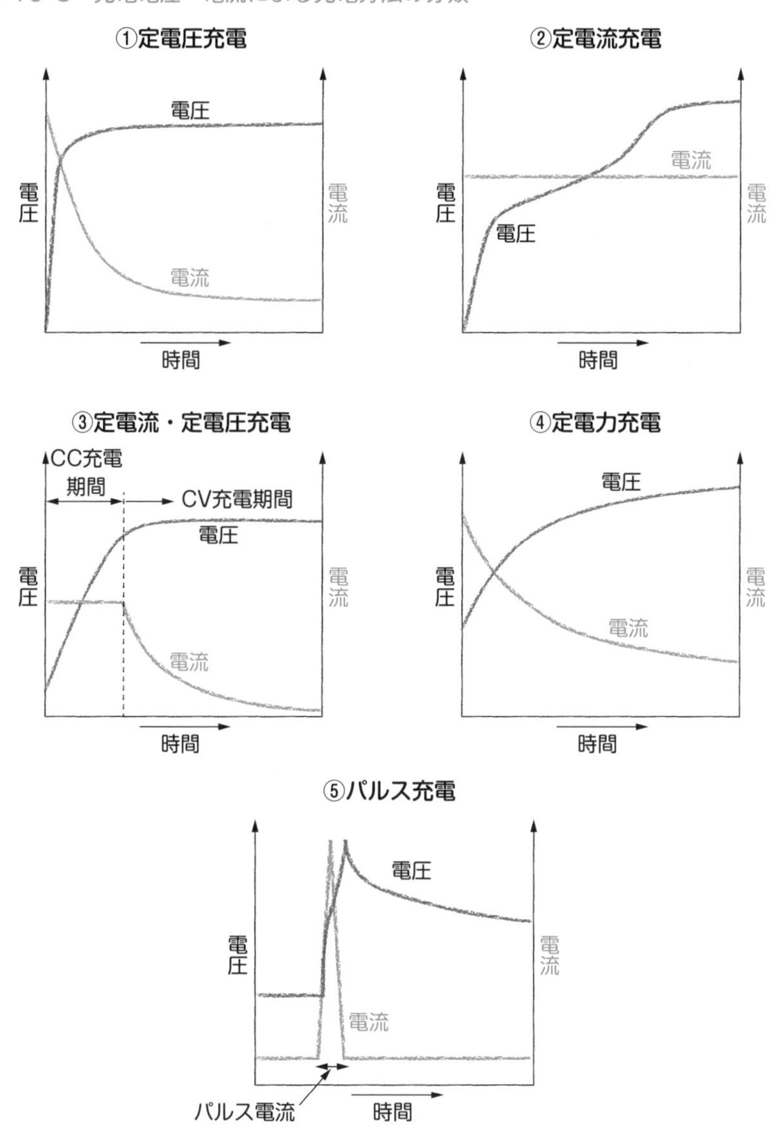

3-11 スマホとEVの急速充電

スマートフォンを使用していて気になるのは電池の残量です。外出中に電池切れを起こすと最悪。その不安を解消するために、携帯充電器をいつも持ち歩いている人がたくさんいます。メーカーがスマホバッテリーの容量をもっと大きくしてくれれば、外出中の電池切れ不安も減るでしょうが、それではスマホの図体が大きくなり、充電時間も長くなってしまいます。

スマホを充電するのに、ACアダプターや充電器を使用する以外に、今ではパソコンのUSBもふつうに利用されています。**USB**（ユニバーサル・シリアル・バス）とは、ご承知のように、コンピュータと周辺機器を接続しデータ通信を行う規格の1つです。しかし近年では、伝送電力を大きくした規格が登場して、スマホの充電速度が向上してきました。ちなみに、スマホに搭載された電池は初期は一次電池、続いてニカド電池やニッケル水素電池でしたが、現在はほぼすべてリチウムイオン電池〈➡p140〉になっています。

●スマホを18Wで急速充電

スマホの充電については、USBのほか、アップル社やクアルコム社などメーカー独自の規格などさまざまなものがありますが、ここではUSBの規格について紹介します。

USBは、1996年に誕生して以来、データ伝送速度を飛躍的に伸ばしてきました（表3-11-1）。当初は電力供給を重視していなかったものの、2007年に初めて給電を意識した規格である「USB BC（Battery Charging Specification）」が登場しました。これにより、それまで4.5Wだった供給電力が7.5Wになり、USB給電が普及していきました。なお、表3-11-1の中で2000年に発行されたUSB2.0（規格名）に「USB BC」が含まれているのは、後から採用されたものです。その他の給電規格も同様です。

その後、2014年に仕様が決まったコネクタ規格である「USB Type-C」では15Wまでの電力を供給できるようになりました。そして現時点の給電能力は2012年に発表された100Wまで伝送できる「USB PD（Power

Delivery)」が最大です。給電能力が100Wといえば、ノートパソコンやプリンターなどを（充電ではなく）作動させることができる大電力です。しかし、スマホの充電には大きすぎて、リチウムイオン電池が対応できず爆発してしまいます。スマホの急速充電では18Wくらいで充電しているのが現状です。

表3-11-1　USBによるデータ伝送速度と給電能力

規格名	発行年（年）	最大データ転送	給電規格	給電能力（W）
USB1.0	1996	12Mbps	USB1.0	2.5
USB1.1	1998	12Mbps	USB1.0	2.5
USB2.0	2000	480Mbps	USB2.0	2.5
			USB BC	7.5
			USB Type-C	7.5、15
			USB PD	最大100
USB3.2（GEN1）	2008	5Gbps	USB3.0	4.5
			USB BC	7.5
			USB Type-C	7.5、15
			USB PD	最大100
USB3.2（GEN2）	2013	10Gbps	USB3.1	4.5
			USB BC	7.5
			USB Type-C	7.5、15
			USB PD	最大100
USB3.2（GEN1×2）	2017	10Gbps	USB Type-C	7.5、15
			USB PD	最大100
USB3.2（GEN2×2）	2017	20Gbps	USB Type-C	7.5、15
			USB PD	最大100
USB4（GEN3）	2019	20Gbps	USB Type-C	7.5、15
			USB PD	最大100
USB4（GEN3×2）	2019	40Gbps	USB Type-C	7.5、15
			USB PD	最大100

※GEN：「Generation（世代）」の頭3文字。×2はデータ転送レーンが2本ある
※Mbps：メガビット/秒。Gbps：ギガビット/秒。W：ワット
※Type-Cはコネクタ規格。miniおよびmicroを省略

表3-11-2に、USBによる伝送電力（W）と「iPhone 11 Pro MAX」の充電時間の例を掲載しました。ケーブルはアップル社推奨のものとし、充電時間はおよその目安です。

●電気自動車（EV）の普通充電と急速充電

スマホよりももっと充電時間が気になるのは、電気容量がはるかに大きい**電気自動車**（**EV**）です。そのため、急速充電についての研究が活発です。

現在、EVの充電をインフラの観点から分類すると、

①基礎充電

②経路充電

③目的地充電

に分けられます（図3-11-1）。

①基礎充電

自宅やマンションまたはそれに類したプライベートな場所での充電です。家庭などのAC電源を使用し、**普通充電器**で10〜20時間かけてフル充電を行います。

②経路充電

道の駅や高速道路のパーキングエリア、カーディーラー、ガソリンスタンドなど、走行経路の途中におけるパブリックな場所での充電です。**急速充電器**を使用し、大電力で短時間の急速な充電を行います。

③目的地充電

オフィスやホテル、商業施設、空港の駐車場など、パブリックな場所での充電です。目的施設の性質により、普通充電器を使用する場合と急速充電器を使用する場合の両方があります。もっとも、スマホの充電でもそうですが、**普通充電**（あるいは**通常充電**）と**急速充電**の間に、何W（何kW）以上が急速かなど明確な境界線が定義されているわけではありません。

ただ、EVでは一般に、家庭などに設置できるAC200V（またはAC100V）の充電器を普通充電器と呼び、カーディーラー、ガソリンスタンドなどに設置されるDC500Vの充電器を急速充電器と呼んでいます（表3-11-3）。ちなみに、海外ではさまざまな規格があります。

表 3-11-2　USB による伝送電力と「iPhone 11」の充電時間

伝送電力	充電時間		
	50%	80%	100%
5W	150 分	200 分	300 分
7.5W	80 分	170 分	240 分
12W	50 分	80 分	150 分
18W	30 分	60 分	120 分

※電池切れの状態から 50 %、80 %、100 %充電するまでのおよその時間
※「iPhone 11」はリチウムイオン電池を内蔵

図 3-11-1　EV の充電場所

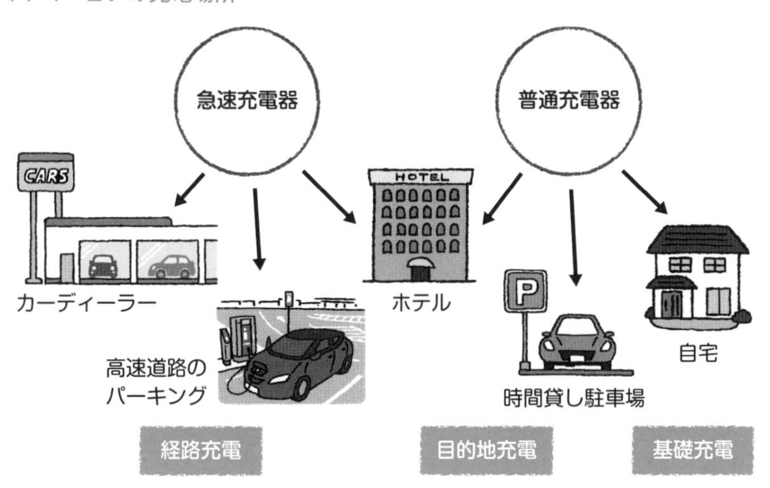

表 3-11-3　EV 用の普通充電器と急速充電器の例

	普通充電器		急速充電器	
	—	倍速タイプ	中容量タイプ	大容量タイプ
電圧	AC100V	AC200V	DC500V	DC500V
電流	15A	15A	60A	125A
電力	1.5kW	3kW	20kW	50kW
フル充電	約 20 時間	約 10 時間	—	—
80 %充電	—	—	30 分～1 時間	15～30 分

※充電時間は日産リーフ（30kWh）での目安
※ AC は交流、DC は直流

3-12 非接触充電技術

二次電池の充電は、外部電源や充電器とケーブルでつないだり、端子を接触させたりしなくてもできます。すでにそういう充電方法の電気シェーバーや電動歯ブラシ、スマートフォンなどが販売されています。電源と接触せずに充電することを**非接触充電**（または**ワイヤレス給電**）といいます。

ただし、非接触充電は「電池の充電方法」ではなく、電池を充電するための「電力供給方法」ですので、ワイヤレス給電あるいは非接触給電といったほうがふさわしいかもしれません（図3-12-1）。

ワイヤレス給電は、電気・電子製品を電気コードいらずにしてくれるだけでなく、電池の端子が露出していないので、水や汗で濡れてもショートする心配がありません。ワイヤレス給電にはまだ研究段階の技術も含めて、主として4つの方式があります。

●ワイヤレス給電の種類

①電磁誘導方式（磁界結合方式）

上記の電気シェーバーなどで採用されている、現在最も普及が進んでいる方式です。**電磁誘導**とは、簡単にいえば、導電性コイル内の磁束が変化すると、コイルに**誘導電流**が流れるという現象です。逆にコイルに電流を流すと磁束が発生するので、近づけた2つのコイルの一方（給電側）に電流を流すと、磁束が発生して隣のコイル（受電側）を貫きます。すると、受電側コイルにその磁束を打ち消す向きの誘導電流が流れるので（図3-12-2）、この電流で二次電池を充電するのです。ちなみに、電磁誘導方式はトランス（変圧器）の原理と同じです。

現在、電気自動車業界はワイヤレス給電の導入に積極的で、ヨーロッパの一部の都市では、すでに電気バスに電磁誘導方式でのワイヤレス給電を行っています。ただ、電磁誘導方式には、給電側のコイルと受電側のコイルが近接していないと、電力がほとんど伝送されないという弱点があります。両者の距離は数センチから十数センチが限界です。しかも2つのコイルがちゃん

図 3-12-1　ワイヤレス給電のシステム概念図

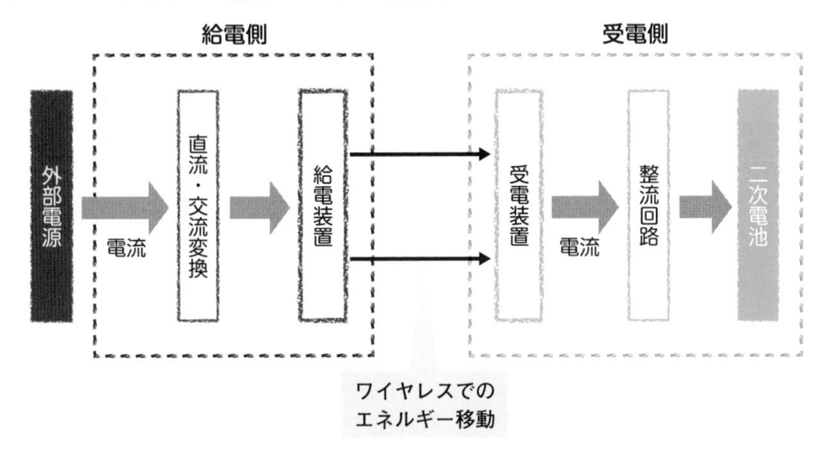

図 3-12-2　電磁誘導方式による EV へのワイヤレス給電

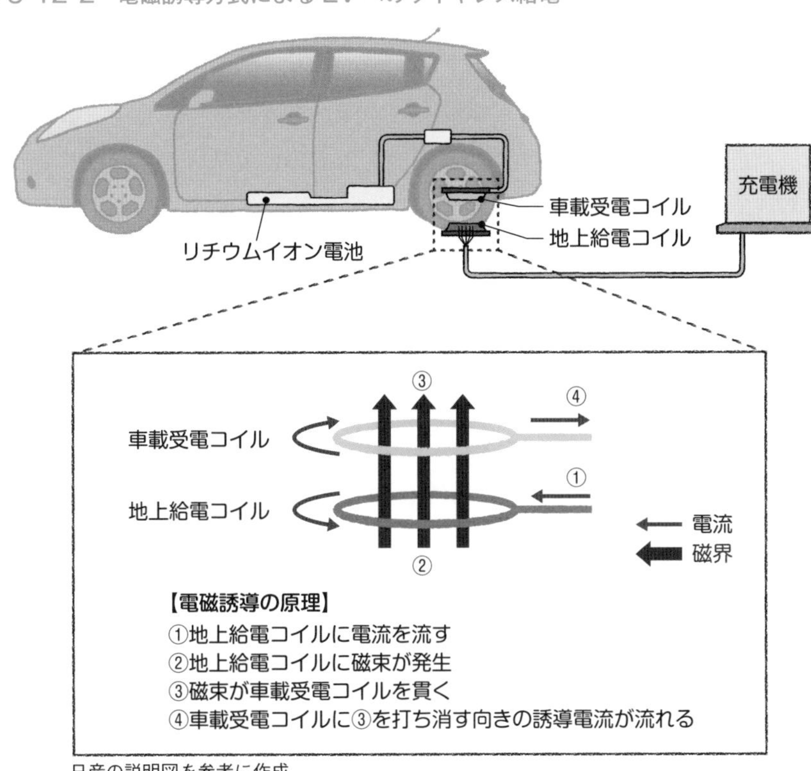

日産の説明図を参考に作成

と向かい合っていなければならず、電気自動車の場合、ワイヤレスで受電するためには、決められた位置に正確に駐車しなければなりません。

②磁界共鳴方式（磁界結合方式）

電磁誘導方式と同様、磁界結合方式の一種で、やはり給電側と受電側でコイルを用いますが、電力伝送の原理は別物です。電磁誘導方式では磁束がエネルギーを運ぶのに対して、磁界共鳴方式では**磁界の振動**がエネルギーを伝送します。同じ固有振動数を持つ２つの物体がある程度近い距離にある場合、片方の物体が振動すると、もう片方の物体も振動します。これを**共振**現象あるいは**共鳴**現象といい、同現象は磁界の振動でも起こります。

コイルとコンデンサで作った同じ共振回路を給電側と受電側の両方に設置して、給電側に交流電流を流すと、発生した磁界の振動に受電側の共振回路が共鳴し、受電側に電流が流れます（図 3-12-3）。磁界共鳴方式では数メートルの距離まで電力を伝送できます。

③電界結合方式

磁界結合方式では磁束や磁界がエネルギーを運ぶのに対して、電界がその役目を担う方式です。給電側と受電側の双方の電極を対面させて、給電側の電極に高周波の電流を流すと、受電側にも電流が流れます（図 3-12-4）。電極を対面させるのは、コンデンサ（キャパシタ）を形成することと同じです。

④電磁波受信方式

電磁波で給電する方式には、主として**マイクロ波**を使う方法と、**レーザー光**を使う方法があります。前者は給電側で電流をマイクロ波に変換して発信し、それをアンテナで受信して直流電流に変換します。後者はマイクロ波の代わりにレーザー光でエネルギーを伝送します。これらの方式は伝送距離を長くできますが、伝送効率が悪く、コストが高くつくのも欠点です。

しかし近年、伝送ロスを低減する技術が進歩し、電磁波による給電の可能性が広がりつつあります。宇宙で太陽光発電した電力をマイクロ波やレーザー光で地球に伝送するという壮大な研究も行われています（図 3-12-5）。

なお、電力を超音波に変換して伝送するシステムも研究開発されています。超音波は電磁波に比べて安全とされ、生体埋め込み型の医療機器への給電が検討されています。

ワイヤレス給電方式（①～④）の特徴を表 3-12-1 にまとめました。

図 3-12-3　磁界共鳴方式の原理

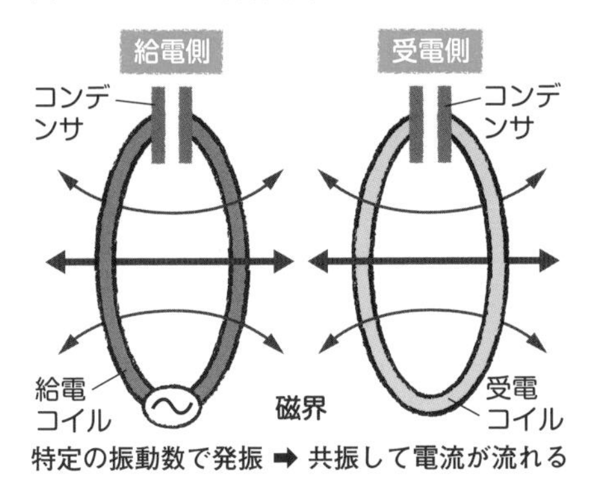

図 3-12-4　電界結合方式の原理

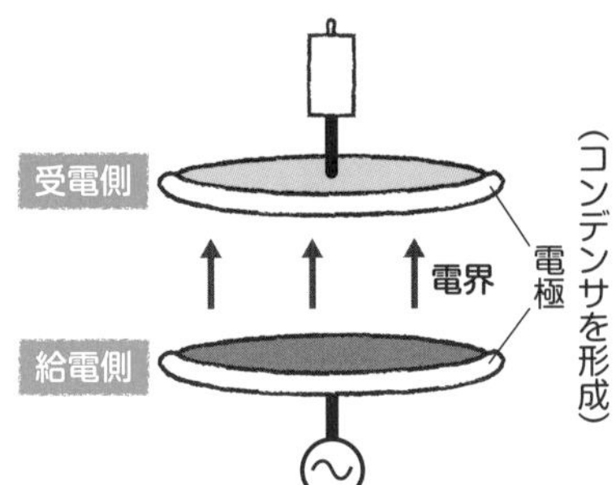

図 3-12-5　宇宙太陽光発電の想像図

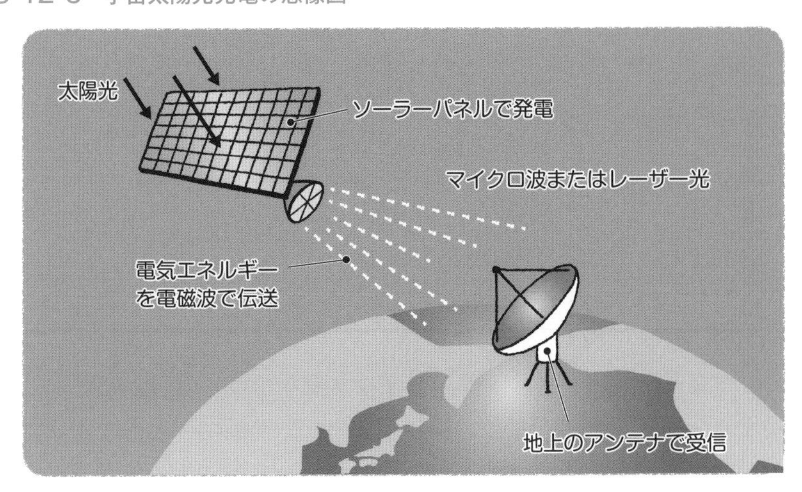

表 3-12-1　ワイヤレス給電方式の特徴（現状）

	非放射型（結合型）			放射型（電磁波受信方式）	
	磁界結合方式		電界結合方式	マイクロ波など	レーザー光
	電磁誘導方式	磁界共鳴方式			
伝送距離	× (〜数センチ)	○ (〜数メートル)	× (〜数センチ)	○ (〜数メートル)	○ (〜数メートル)
伝送効率	○ (〜90 %)	△ (〜60 %)	○ (〜90 %)	× (〜50 %)	× (〜50 %)
伝送電力	○ (〜数キロワット)	○ (〜数キロワット)	◎ (〜数百ワット)	× (〜1 ワット)	× (〜1 ワット)

※◎：とくにすぐれている、○：すぐれている、△：そこそこ、×：劣っている

3-13 充電効率とサイクル寿命

二次電池特有の性能を評価する観点のうち、とくに重要なものに**充電効率**と**サイクル寿命**があります。

●充電効率

充電効率とは、充電した電気量に対する放電可能電気量の割合をいい（図3-13-1）、次の式で計算されます。

充電効率（%）＝ 放電可能電気量（Ah）÷ 充電電気量（Ah）× 100

電気量の単位は一般にC（クーロン）ですが、電池の場合はふつうAh（アンペア時、アンペアアワー）を使用します。1C＝1Ahです。

充電効率は**充放電効率**（または**クーロン効率**）とも呼ばれるものの、意味からすると放電効率と呼んだほうがわかりやすいかもしれません。充電効率が高い電池は、蓄えた電気をムダにすることが少ないということで、性能のよい二次電池といえます（表3-13-1）。

●サイクル寿命試験

電池の寿命（耐久力）を表すのが**サイクル寿命**です。具体的には、放電から充電までを1サイクルとして、電池が劣化して使用できなくなるまで何回サイクルを繰り返すことができるかを表したものです。サイクル寿命が長い（多い）ほうが、性能のよい二次電池といえます（表3-13-1）。

サイクル寿命試験は一般に、**1C放電**と**1C充電**を繰り返すことで行われます。1Cの「C」はクーロンではなく、「Capacity（キャパシティ）」の頭文字で、1Cは「その電池がちょうど1時間で放電を終了する電流値」を表します。2Cは30分、0.2Cは5時間で放電が終わる電流値になります。

たとえば、公称電気容量が2.5Ahの二次電池の場合、1Cは、

1C ＝ 2.5Ah ÷ 1h ＝ 2.5A

つまり、2.5Ahの二次電池のサイクル寿命を調べる試験では、2.5Aの電流で充電と放電を繰り返します。

なお、電池の寿命を表す尺度には他に**カレンダー寿命**があります。サイクル寿命が充放電の「回数」に着目しているのに対して、カレンダー寿命は所定の充電状態で放置しても大丈夫な「時間」を表したものです。賞味期限のようなものですが、もちろんサイクル寿命に達していない場合に限ります。

図 3-13-1　充電効率

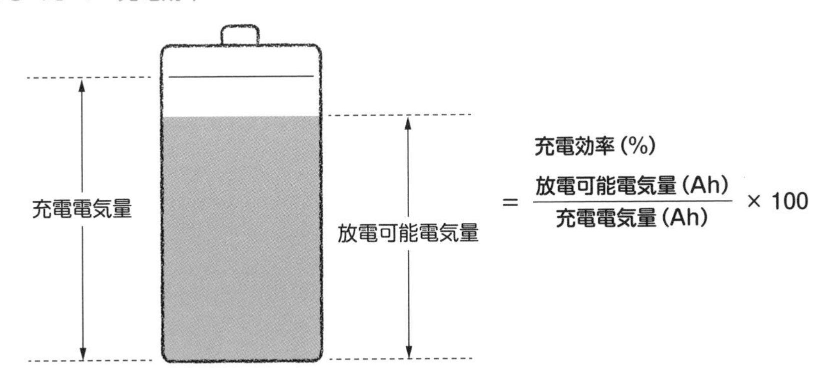

表 3-13-1　主な二次電池の充電効率とサイクル寿命

二次電池	充電効率（%）	サイクル寿命（回）	カレンダー寿命（年）	本書のページ
鉛蓄電池	70～92	3000～	17	➡p68
ニッケル・カドミウム電池	70～90	500～2000	20	➡p84
ニッケル亜鉛電池	75	200～1000	12～15	➡p88
ニッケル水素電池	85	500～2000	5～7	➡p90
ナトリウム硫黄電池（NAS電池）	89～92	4500～	15	➡p96
レドックスフロー電池	75～80	～10000	6～20	➡p100
ゼブラ電池	90～	2000～	8～	➡p104
酸化銀二次電池	90～	～400	5～10	➡p106
リチウムイオン電池	80～90	300～4000	6～10	➡p140
リチウムイオンポリマー二次電池	90～	300～	6～10	➡p164

※数値はメーカーや製品によって異なるため、あくまで目安

3-14 充放電トラブル①
メモリー効果とリフレッシュ充電

二次電池の容量を残したままで放電を止めて、継ぎ足し充電することを繰り返すと、使用可能な容量が残っているにもかかわらず、電圧が急に低下してしまうことがあります（図 3–14–1）。これを**メモリー効果**といい、容量が減少したように見えます。

とくに、いつも同じくらいの容量を残して充放電を繰り返すと、その残量あたりでメモリー効果が顕著に現れます（図 3–14–2）。まるで電池が継ぎ足し充電のタイミングを覚えているかのようなので、メモリー（記憶）という名が付きました。

もっとも、すべての二次電池にメモリー効果が生じるわけではなく、主な二次電池ではニカド電池で最も起こりやすく、ついでニッケル水素電池でも生じます。それに対して、リチウムイオン電池ではメモリー効果が生じてもほとんど影響のない程度で、鉛蓄電池にいたってはまったく生じません。

では、メモリー効果の原因は何かといえば、実はまだ完全には判明していません。ただ、ニッケル系二次電池においては、正極活物質の酸化水酸化ニッケル（NiOOH）の結晶構造が変化して電気抵抗が大きくなるために生じると考えられています。

●メモリー効果を解消するリフレッシュ充電

メモリー効果を“なし”にして、充電した電気容量を目一杯使えるようにする方法が**リフレッシュ充電**です（図 3–14–2）。といっても、何も特別な操作をするというわけではなく、電池を一度使い切ってから完全充電するだけです。これでメモリー効果が解消されますが、その際に気をつけたいのは、過放電を防止する機能がある充電器を使わないで完全放電を繰り返すと、過放電に陥るリスクがあるということです。過放電によって電池が受けるダメージは、メモリー効果と違って回復できません。

ちなみに、電池の容量のうちどれくらいの割合を放電するかを**放電深度**といい、放電量が少ない場合を**浅い放電**（深度）、完全放電を含め放電量が多い場合を**深い放電**（深度）と呼びます。基本的に、浅い放電のほうが電池には優しく寿命を延ばすのに対して、深い放電は電池を劣化させます。

二次電池のサイクル寿命試験〈➡p120〉における放電深度はメーカーによって異なり、放電深度100％（完全放電）で試験する会社もあれば80％で試験する会社もあります。放電深度が大きいほどサイクル寿命は短くなります。

図3-14-1　メモリー効果による電圧低下

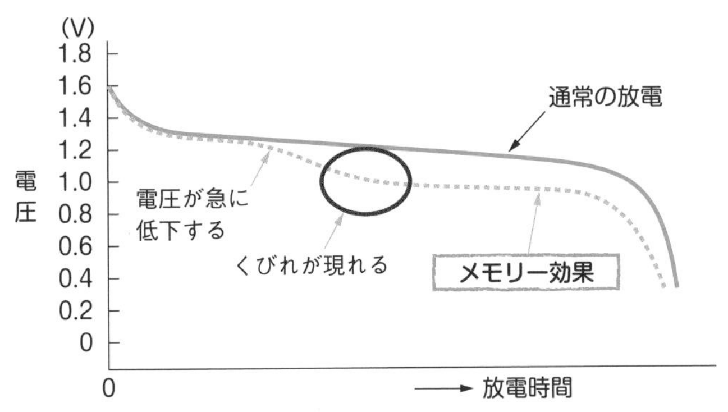

図3-14-2　メモリー効果とリフレッシュ充電

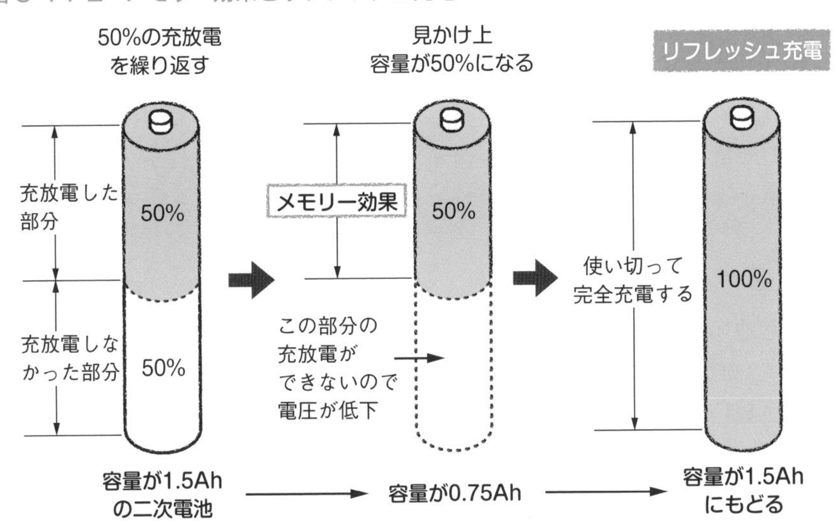

3-15 充放電トラブル②
デンドライト

デンドライト（樹状突起）は、二次電池の充電の際、負極の金属電極から金属が正極に向けて伸びる現象です。放電で電解液に溶け出た金属イオンが、充電時に金属にもどって析出する際に樹状結晶になり、充放電を繰り返すにつれて成長して伸びていきます（図3-15-1）。

形成されたデンドライトがはがれると、それだけ負極活物質の量が減るので、容量が低下します。しかし、デンドライトが成長を続けるのはもっと問題で、デンドライトの一部が**多孔性セパレータ**の孔を突き抜けて正極に達すると、電池がショート（短絡）します〈➡ p88〉。そして、それが発火や爆発の原因になることがあります。

デンドライトが発生する金属電極は、亜鉛、鉄、カドミウム、マンガン、アルミニウム、ナトリウム、リチウムなど非常にたくさんあります。これらの金属を電極とする電池を作るには、デンドライトの問題を解決しない限り、充電できない一次電池にするほかありません。

デンドライトの発生原因の詳細は長い間不明でした。しかし2019年、ニッケル亜鉛電池で生じるデンドライトについて新しい説が提出され注目されています。

それは、これまで充電の際に電解液中の亜鉛イオンは負極板（亜鉛板）に対して直角に動くと考えられてきましたが、負極板に沿う方向にも移動し、このことが電解液中の不均一な亜鉛イオン濃度を生み、それが一様でない金属の析出につながり、ひいてはデンドライトの生成に至るというものです。

●デンドライトの抑制

二次電池の開発において、デンドライト対策は今も昔もキーポイントの1つです。デンドライトを抑制するために、添加剤を混ぜたり、電池の作動温度を制御したり、セパレータを工夫したりするなど、電池の種類によって、あるいはメーカーによってさまざまな対策が講じられています。

図3-15-2に、セパレータを**イオン伝導性フィルム**製にすることによって、

水酸化物イオンを通過させながら、亜鉛酸イオンをブロックする例を示しました。こうすることで、亜鉛デンドライトがセパレータに達しても、セパレータ内には亜鉛酸イオンが存在しないため、それ以上デンドライトは伸張できなくなります。

図 3-15-1　デンドライトの生成メカニズム

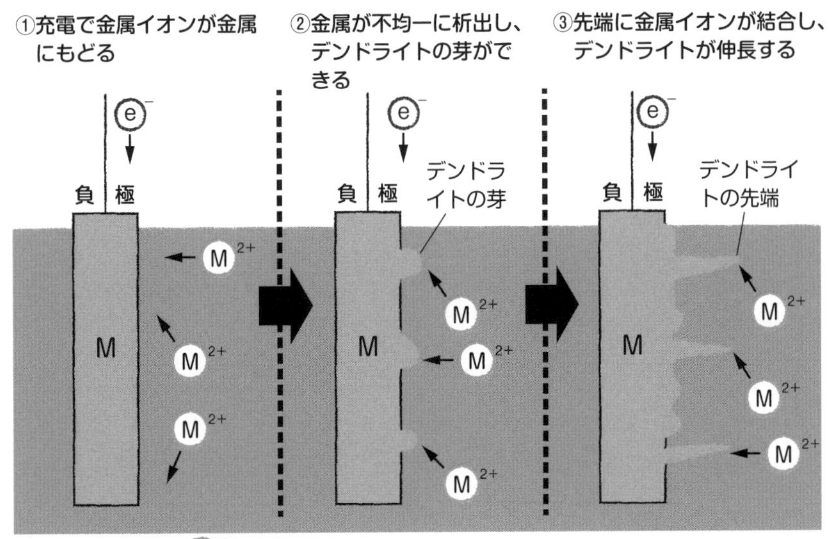

図 3-15-2　イオン伝導性フィルム製セパレータの効果

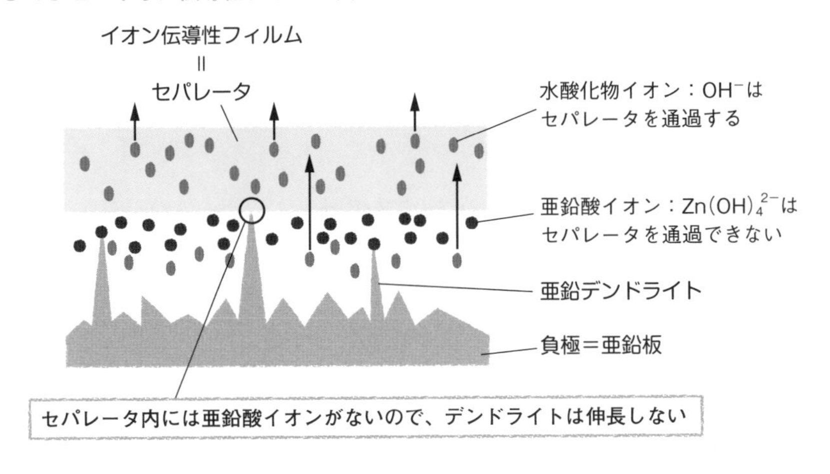

3-16 充放電トラブル③
活物質の微粉化と孤立化

充放電のサイクル回数が増えるに従って二次電池が劣化していく原因には、活物質の微粉化と孤立化による場合もあります。その一例がニッケル水素電池の劣化です。ニッケル水素電池の正極に用いられる**水素吸蔵合金**は、自己体積の1000倍もの水素ガスを吸蔵でき、それを可逆的に吸蔵・放出して酸化還元反応を行い、電池として作動します〈➡ p92〉。

水素吸蔵合金は粉末粒子状で、それを固めて電極が作られます。粉末粒子は結晶構造をしており、充電時に規則正しく配置された原子と原子のすき間に水素原子が入り込み、結晶内で保持されます。このとき、粒子内部の圧力が高まり、粒子の体積が膨張します（図3-16-1）。逆に、放電の際には保持していた水素原子を放出します。

そして、充放電を繰り返すことによる体積変化に耐えられずに、粒子が細かく砕けることがあり、これを**微粉化**といいます。活物質粒子の微粉化は、初期には反応面積の増加というプラスの面が表れ、電池反応の速度を高めることがありますが、微粉化が進むと結果的に容量の低下が起こるだけでなく、電極板に亀裂が入ったり、破壊したりすることもあります。

こうした微粉化は他の電池でも生じます。たとえば、リチウムイオン電池〈➡ p168〉の負極材でも、充放電に伴ってリチウムイオンの吸蔵・放出が繰り返され、それによる体積変化で微粉化やはく離が進行するために、メーカー各社は多種多様な対策を講じています。

●孤立化による容量の低下

一方、活物質粒子の微粉化が進んで電極板（または活物質層）に亀裂が入ったり、一部が電極板からはく離すると、導電ネットワークのつながりが切れ、充放電に寄与しなくなります。これを**孤立化**といいます（図3-16-2）。孤立化すると、そのぶん電池の容量が低下します。

活物質粒子の孤立化はほかにもさまざまな原因で生じます。活物質の導電性が悪い場合、一般に炭素粉末などの導電補助剤を添加しますが、電極の変形や膨張などによって導電補助剤の接触が断たれたり、電解液との反応で生じた絶縁体粒子が活物質ネットワークに入り込んだりすると、活物質が導電ネットワークから孤立してしまいます。

図 3-16-1　水素吸蔵合金の体積膨張

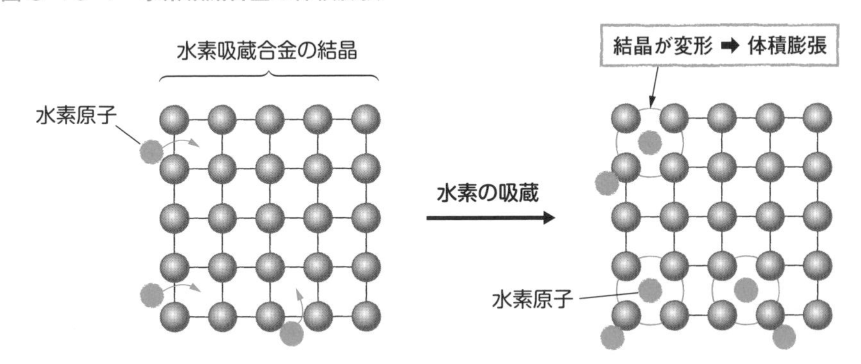

図 3-16-2　活物質が孤立化するプロセス

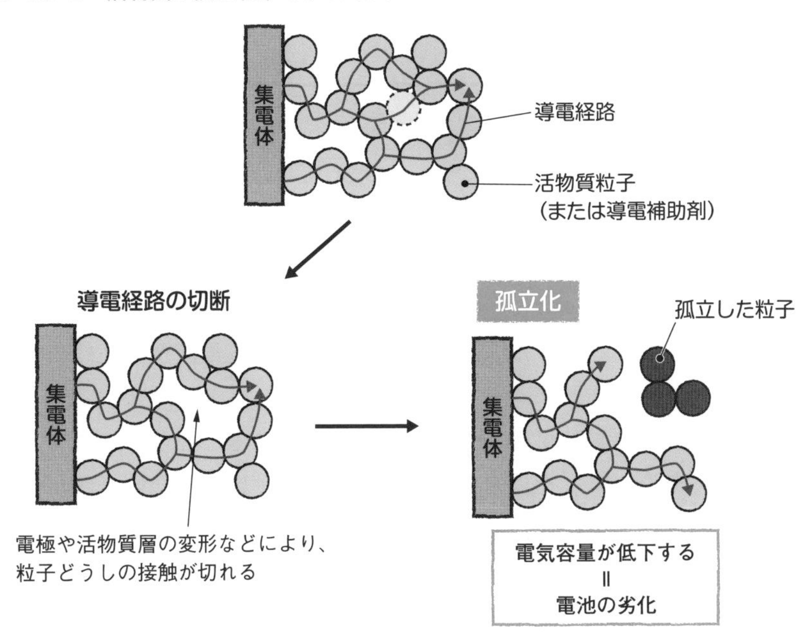

3-17 充放電トラブル④ 過放電と過充電

二次電池の種類によっては、**過放電**または**過充電**が電池寿命を縮めるだけでなく、深刻なトラブルの原因になります。容量の低下、内部構造の腐食や変形に加え、ガス圧の上昇による液漏れや電池の膨張、そして破裂などです。

過放電は、正確にいえば、**放電終止電圧**を下回った後も放電を続けることをいいます（図 3-17-1）。放電終止電圧とは、放電終了時期を示すために定めた電圧のことです。電池を放電する（電気を取り出す）と次第に電圧が低下していきますが、この値以下になったら放電を止めるべき最低電圧が終止電圧です。たとえば、もう電池を装着した機器が動かないくらい電気を使い切っているのに、機器内に電池を放置しているような状態が過放電です。

ニッケル水素電池〈➡ p90〉の過放電では、まず正極活物質（酸化水酸化ニッケル）が十分消耗された後に、水素ガスが発生し始めます。この水素は負極に吸収されるものの、それには時間がかかるので、水素ガスが電池内にたまり、内部圧力を高めます。続いて、負極活物質（水素吸蔵合金）が酸素を吸収し始めます。そのため水素の吸蔵場所が減り、電池の容量が低下します。

また、リチウムイオン電池では、過放電によって新たに充電することができなくなったり、負極集電体が溶けてしまうこともあります。

●過充電で発火や破裂も

一方、過充電を正確にいえば、**充電終止電圧**以上の電圧で充電することです（図 3-17-1）。充電が完了したにもかかわらず、だらだらと充電を続けるような場合ですが、システムの不具合で残量が異なる電池が直列につながれた組電池を充電するとき、過充電になることがあります（図 3-17-2）。

過充電でも、過放電と同様、さまざまな支障が出ることがあります。たとえば、鉛蓄電池〈➡ p75〉を過充電すると、電解液中に溶けていた活物質がなくなり、代わりに水が電気分解されて、負極から水素ガス、正極から酸素ガスが発生し、電池の内部圧が高まります。また、電極の格子形態が変形したり、損傷したりすることもあります。

リチウムイオン電池では、過放電によって電池が異常高温になり、発火や破裂に至ることもあります〈➡ p166〉。

ただし、通常、製品として販売されている二次電池には過放電や過充電を防止したり、発生したガスを除去するしくみなどが組み込まれています。

図 3-17-1　過放電と過充電

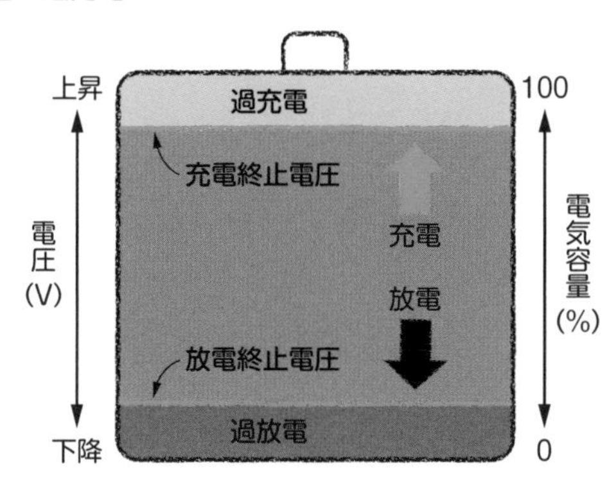

放電終止電圧以下の電圧での放電 ➡ 過放電
充電終止電圧以上の電圧での充電 ➡ 過充電

図 3-17-2　直列組電池で起こる過充電

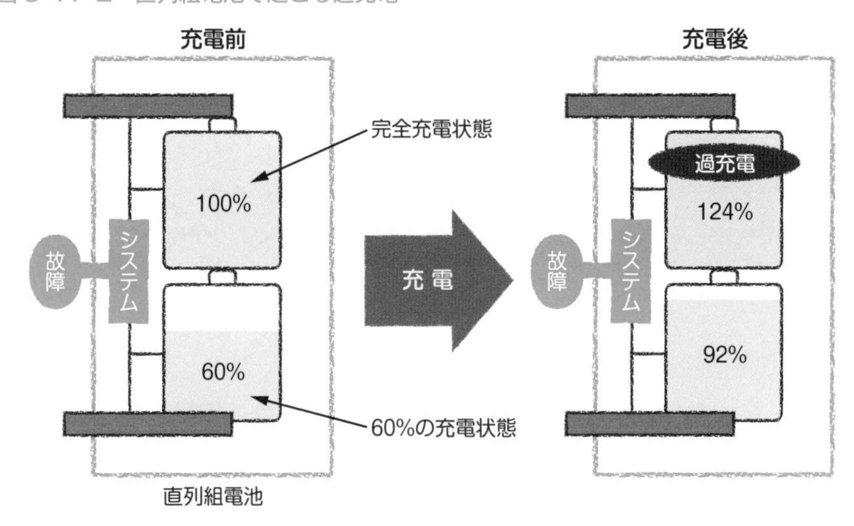

直列に接続された組電池の容量不一致が、過充電を引き起こすことがある

3-18 電気二重層キャパシタは物理二次電池

電気・電子回路に必須デバイスの**コンデンサ**は、電気を蓄えたり、放出したりする電子部品です。この性質を二次電池として利用したのが**電気二重層キャパシタ**です。従来、「キャパシタ」は「コンデンサ」と同じ意味で使われてきましたが、近年では電気二重層キャパシタを指すことが多くなりました。電気二重層キャパシタは、**スーパー・キャパシタ**とも呼ばれます。

●コンデンサこそ「電池」？

そもそも、「コンデンサ」はドイツ語の「Kondensator」からきた言葉で「蓄電器」を意味します。しかし、英語の「condenser」はふつう熱交換器（凝縮器）のことを指し、日本でいうコンデンサは英語では「capacitor（キャパシタ）」と呼びます。キャパシタはキャパシティ（容量）からきた言葉です。

コンデンサの構造は簡単で、基本的に2つの金属板で絶縁体をはさんだだけのものです。ただし、絶縁体は樹脂やセラミックのほか、ガスやオイルの場合もあり、また金属板の金属の種類や形状もいろいろです。

コンデンサに電圧をかけても、絶縁体のために電流は流れず、2つの電極板に正と負の電荷がたまります。そして、それに引き寄せられて絶縁体の両端にも電荷の偏り（**誘電分極**）が発生するので（図3-18-1）、絶縁体のことを**誘電体**ともいいます。誘電分極は電圧をストップしても保持されます。

このように、コンデンサは電気を蓄えることができます。電気をそのまま蓄えるので、そういう意味では化学電池よりも「電池」と呼ぶのにふさわしいかもしれません。

●電気二重層とは

電気二重層キャパシタは、蓄電池（二次電池）とコンデンサの中間的な存在といえます。ただし、充放電に化学反応を伴わないので、電池とするなら物理電池の範疇に入ります。

電気二重層は、電解液に、その電解液に溶けない一対の金属板（導体）を入れて電圧をかけたとき、誘電分極が発生し、金属板と接する電解液の界面にイオン粒子1個分（数ナノメートル）の電荷の層ができる現象です。このときコンデンサのように、負極界面では電子と陽イオンが、正極界面では正電荷（正孔）と陰イオンが向かい合います（図3-18-2）。これが電気二重層で、ここに電荷を蓄積するのが電気二重層キャパシタです。

図3-18-1　コンデンサの誘電分極

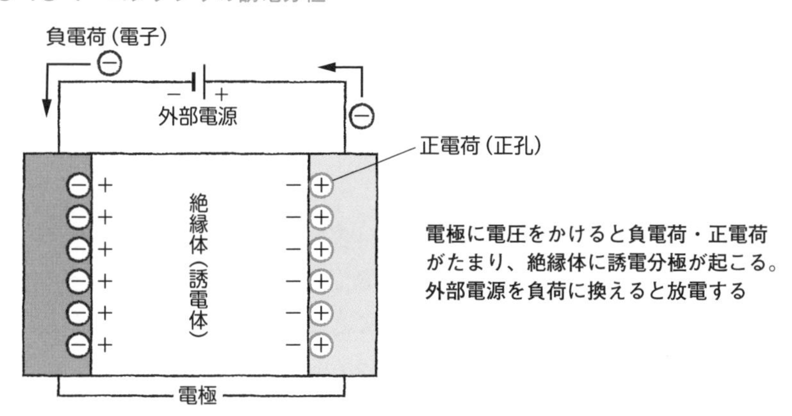

図3-18-2　電気二重層

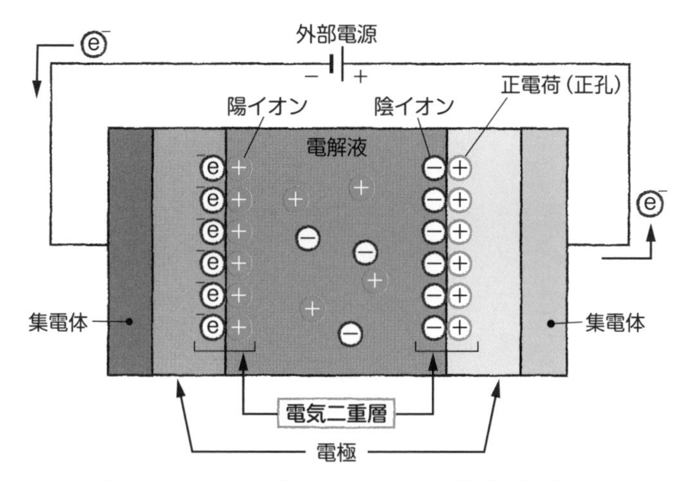

電解液に入れた2つの電極に電圧をかけると電解液に誘電分極が生じ、電極と電解液の界面に電気二重層が発生する

●電気二重層キャパシタの構造

電気二重層キャパシタには、円筒形、箱形、コイン形などさまざまな形状のものがありますが、もちろん基本的な構造や原理は同じです。化学電池と同様、2対の電極＆集電体と電解液、そして負極と正極のショートを防ぐためのセパレータの3つが基本要素です（図3-18-3）。コンデンサとは違い、絶縁体がなく、電解液が誘電体の役割をします。

電極には多孔質の活性炭などが用いられ、ここに電解液から供給されるイオンが物理的に吸着・脱離します。また、電解液はエネルギー密度や容量に関係してくるため、メーカーによって有機溶媒系、水溶液系、イオン液体などの選択が行われています。

●電気二重層キャパシタの充放電

電気二重層キャパシタの2つの電極を外部電源につないで電圧をかけると、負極に負電荷（電子）がたまり、電解質界面に陽イオンが引き寄せされて活性炭に陽イオンが吸着し、電気二重層ができます。同様に、正極には正電荷（正孔）がたまり、電解質界面に陰イオンが引き寄せられて、活性炭に陰イオンが吸着します。これが充電です（図3-18-4）。このとき定電圧充電法（CV充電法）ではなく定電流充電法（CC充電法）〈➡ p110〉で行います。

充電されたキャパシタに負荷をつなぐと、負極の電子が回路に流れ、活性炭に吸着していた陽イオンが脱離し、電解液中に拡散します。正極でも正電荷がなくなるため、陰イオンが脱離して電解液中に拡散します。これが放電です（図3-18-4）。

このように、電気二重層キャパシタの充放電では、化学電池のような化学反応を伴わず、電解質イオンの電解液中での移動と、電極への吸着・脱離のみが起こります。そのため、物質の変化がないので、充放電を繰り返しても性能劣化がほとんど起こらず、サイクル寿命は数百万回にも及びます。また、充電速度も非常に速く、数秒で90％充電できる製品もあります。

その他、電気二重層キャパシタの長所としては、出力密度が高い、放電深度に制限がない（完全放電できる）、使用可能な温度範囲が広いことなどが挙げられます。逆に、短所としては、エネルギー密度が小さく、自己放電が比較的大きい、鉛蓄電池などに比べて価格が高いことなどがあります。

電気二重層キャパシタは、小型電子機器のバックアップや、モータの駆動、風力発電制御の非常用電源など、さまざまな用途で使用されています。

図 3-18-3　円筒形の電気二重層キャパシタの構造

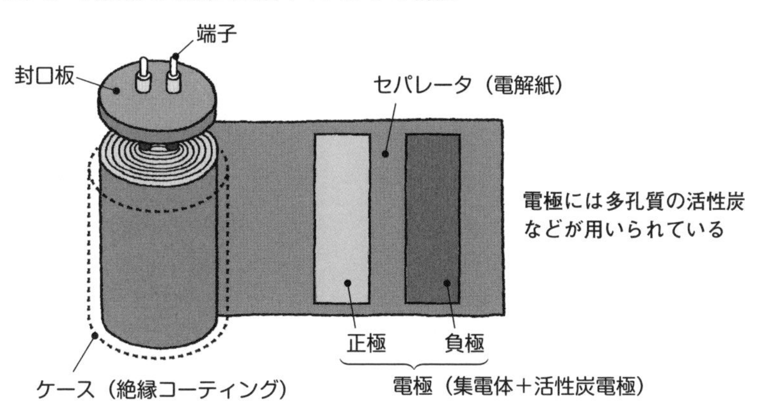

図 3-18-4　電気二重層キャパシタの充放電のしくみ

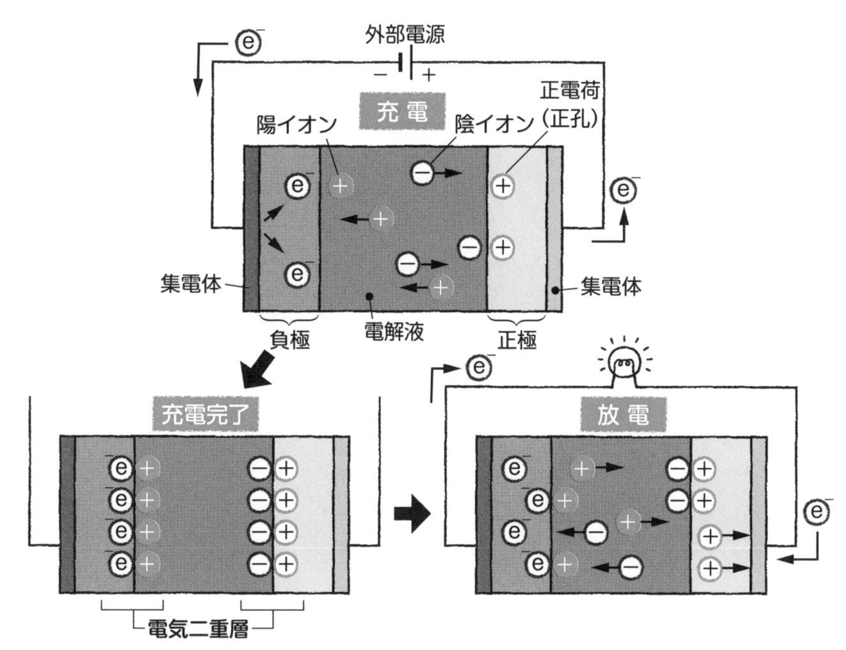

紛らわしいアニオンとカチオン、アノードとカソード

正電荷を持ったイオンを、本書では「陽イオン」と呼んでいますが、学術的な表現では**カチオン**という語もよく使われます。「カチオン」は、ギリシア語で「下がる」を意味する「katienai」からきた言葉です。同様に、負電荷を持ったイオンは「陰イオン」または**アニオン**と表現するのが一般的です。アニオンはやはりギリシア語で「上がる」を意味する「anienai」に由来します。

巷では、カチオンを「プラスイオン」とか「正イオン」といったり、アニオンを「マイナスイオン」とか「負イオン」といったりすることもありますが、とくに「プラスイオン」と「マイナスイオン」は和製英語であり、学術的には使用されません。なお、英語では「cation」「positive ion」、「anion」「negative ion」が使われます。

アノードとカソードがもたらす混乱

では、「下がる」がなぜカチオンに、「上がる」がなぜアニオンになったかというと、電気分解の実験に関係しています。実験を行ったのはイギリスの物理学者マイケル・ファラデー（1791–1867）で、彼は電気分解で電源から電流が流れ込む（上ってくる）電極を「上がり口」という意味の**アノード**（anode）と名付け、電源へ電流が流れ出す（下がっていく）電極を「下がり口」という意味の**カソード**（cathode）と名付けました。そして、電解液中をアノードへ向かうイオンがアニオンで、カソードへ向かうイオンがカチオンです。

ところが、アノードとカソードという名称は、しばしば混乱を招きます。というのは、電気分解ではアノードは正極を指し、カソードは負極を指すのに対して、電池では逆にアノードは負極、カソードは正極を指すからです。

このような混乱が生じる理由は、アノード・カソードが電流の向きを区別した語であるのに対して、正極・負極は電位の高低からきた語だからです。つまり、アノードはあくまで電流が流れ込む側の電極を指すので、電気分解では正極、電池では負極になるのです。カソードはその逆です。

語源を知らないと覚えにくいアニオンとカチオンに関して、英語圏では次の語呂合わせがあるようです。すなわち、**CAT**ion は **PAW**sitive（CAT はネコ、PAW は肉球）。**ANION** は **A N**egative **ION** というわけです。

第4章

リチウムイオン電池とその仲間

今をときめくリチウムイオン電池は、実は一種類ではありません。
負極には共通して炭素材料が使用されているものの、
正極材は多種多様で、さまざまな種類があります。
そのうち、主要なものの構造やしくみ、利点・欠点などをくわしく解説します。
また、リチウム系二次電池にはリチウムイオン電池ではない電池も多々あり、
これらについても紹介します。

4-1 リチウム系電池の歴史と一次電池の特徴

リチウムまたはリチウム合金を電極に使用した電池には、リチウムイオン電池以外にもさまざまな種類があります。リチウム系電池を電池反応の原理から大別すると、リチウム合金を正極に用いた**リチウムイオン電池**と、金属リチウム（またはリチウム合金）を負極に用いた**金属リチウム電池**に分かれます。金属リチウム電池は単に**リチウム電池**とも呼ばれ、主として一次電池ですが、リチウム合金を負極に用いた二次電池もあります（図4-1-1）。このように、リチウムが電極材料として人気があるのには理由があります。

●軽くてイオン化傾向が大きいリチウム

リチウムが電極材料に適している理由は、何よりも**イオン化傾向**が大きいからです。標準電極電位の絶対値が最大で、イオン化列の先頭に立っています〈➡ p43〉。これは、［$Li \rightarrow Li^{+} + e^{-}$］の反応が起こりやすいということであり、金属リチウムがリチウムイオン（陽イオン）になるとき、大きなエネルギーを取り出せるのです。しかも、リチウムは原子番号3、原子量6.941の最も軽い金属元素なので、リチウムを電極活物質に使えば、軽くてエネルギー密度が高いコンパクトな電池ができます。事実、リチウム系電池では数多くのボタン形・コイン形電池が作られています（図4-1-2）。

リチウムは1817年に鉱石から発見されました。このことからギリシャ語で「石」を意味する「lithos」から「リチウム」と名づけられました。電池材料としての研究開発は1970年代になって始まり、1972年イギリス出身の化学者マイケル・スタンリー・ウィッティンガム（1941-）が初めてリチウム電極の一次電池を発明しました。ウィッティンガム氏はリチウムイオン電池の開発への貢献で吉野彰博士とともにノーベル化学賞を受賞した人物です。

ただし、リチウム電極の電池を世界で最初に商品化したのは、パナソニックの子会社である旧・松下電池工業です。1976年に負極に金属リチウム、正極にフッ化黒鉛を用いた一次電池を発売しました（表4-1-1）。

ちなみに、電池の名称は必ずしも統一されておらず、また名称からは一次電池か二次電池かがわからないことも多々ありますので、ここでは電池の種類がよくわかるように名称に必ず「一次電池」「二次電池」を付けて表記します。ただし、「リチウムイオン電池」はすべて二次電池なので省略します。

図 4-1-1　リチウム系電池の活物質による分類

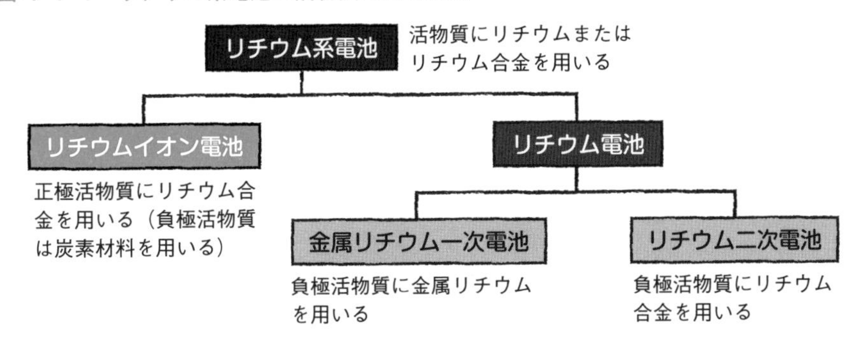

図 4-1-2　コイン形金属リチウム一次電池の構造（二酸化マンガン・リチウム一次電池）

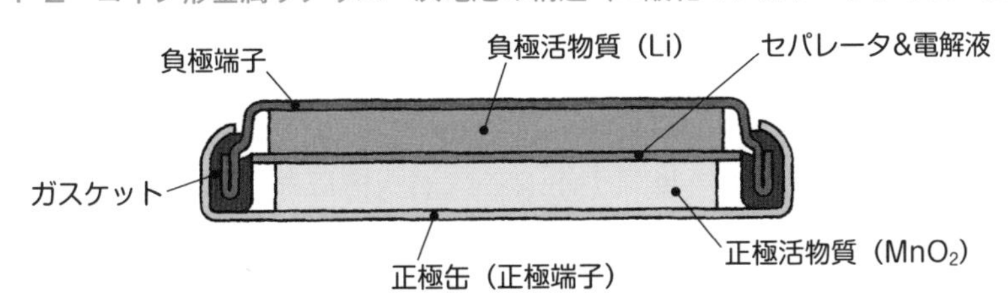

表 4-1-1　金属リチウム一次電池の種類

電池名	公称電圧（V）	負極活物質	正極活物質	主な形状
二酸化マンガン・リチウム一次電池	3.0	リチウム Li	二酸化マンガン MnO_2	円筒形、コイン形、パック形
フッ化黒鉛リチウム一次電池	3.0	リチウム Li	フッ化黒鉛 $(CF)_n$	円筒形、コイン形、ピン形、パック形
塩化チオニル・リチウム一次電池	3.6	リチウム Li	塩化チオニル $SOCl_2$	円筒形、コイン形、角形
二硫化鉄リチウム一次電池	1.5	リチウム Li	二硫化鉄 FeS_2	円筒形、コイン形
酸化銅リチウム一次電池	1.5	リチウム Li	酸化銅 CuO	円筒形、コイン形
ヨウ素リチウム一次電池	3.0	リチウム Li	ヨウ素 I_2	円筒形、コイン形

※負極活物質はすべて金属リチウムなので、電池の名称の頭には正極活物質名が使用されている

●金属リチウム一次電池の性質

金属リチウム一次電池は、負極活物質に金属リチウムを用いた一次電池です。負極では、金属リチウムが［$Li \rightarrow Li^+ + e^-$］の酸化反応によってリチウムイオンになり、これが正極に移動して還元反応に関わります。

金属リチウム一次電池は、高電圧で、エネルギー密度が高いほか、動作温度が低温から高温まで幅広い、長期耐用性があり、貯蔵保存も可能などの長所があります。その一方で、アルカリ金属のリチウムは水と激しく反応して水素を発生するため、電解液に水溶液が使えず、有機溶液や固体電解質が用いられています。しかし、その有機電解液には可燃性材料のものが多く、発火の危険性があり、注意が必要とされています。

●主な金属リチウム一次電池の放電反応

①二酸化マンガン・リチウム一次電池（図 4-1-3）

安価に製造できるため、金属リチウム一次電池の中で最も普及している電池で、「リチウム電池」といえばこの電池を指すこともあります。カメラや電卓、時計、ゲーム機などの電源に使用されています。

正極活物質の二酸化マンガン（MnO_2）は層状構造をしており、リチウムイオンは層間に挿入されます。この反応を**インターカレーション**（または**インサーション**）といい、リチウムイオン電池でも同様の反応が起こります〈➡ p140〉。

《正極》$MnO_2 + Li^+ + e^- \rightarrow MnOOLi$

《反応全体》$Li + MnO_2 \rightarrow MnOOLi$

②フッ化黒鉛リチウム一次電池（図 4-1-4）

正極活物質のフッ化黒鉛［$(CF)_n$］も層状構造をしており、二酸化マンガンと同様、正極ではインターカレーションの反応が起こります。時計やガスなどのメーター類、釣りの電動ウキなどの電源に使用されています。

《反応全体》$nLi + (CF)_n \rightarrow nC + nLiF$

③塩化チオニル・リチウム一次電池

正極活物質の塩化チオニル（$SOCl_2$）は液体で、電解液の溶媒も兼ねています。電圧が高く、メーター類以外に軍事用途にも使用されています。

《反応全体》$4Li + 2SOCl_2 \rightarrow 4LiCl + S + SO_2$

そのほか、金属リチウム一次電池には、正極活物質に二硫化鉄（FeS_2）を用いた二硫化鉄リチウム一次電池や、酸化銅（CuO）を用いた酸化銅リチウム一次電池、ヨウ素化合物を用いたヨウ素リチウム一次電池などがあります（表4-1-1）。

図4-1-3　二酸化マンガン・リチウム一次電池の放電原理

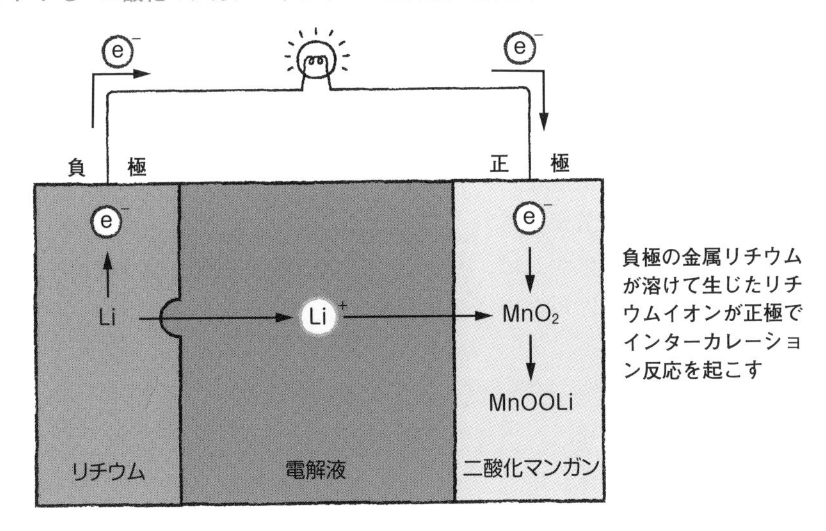

図4-1-4　フッ化黒鉛リチウム一次電池のインターカレーション

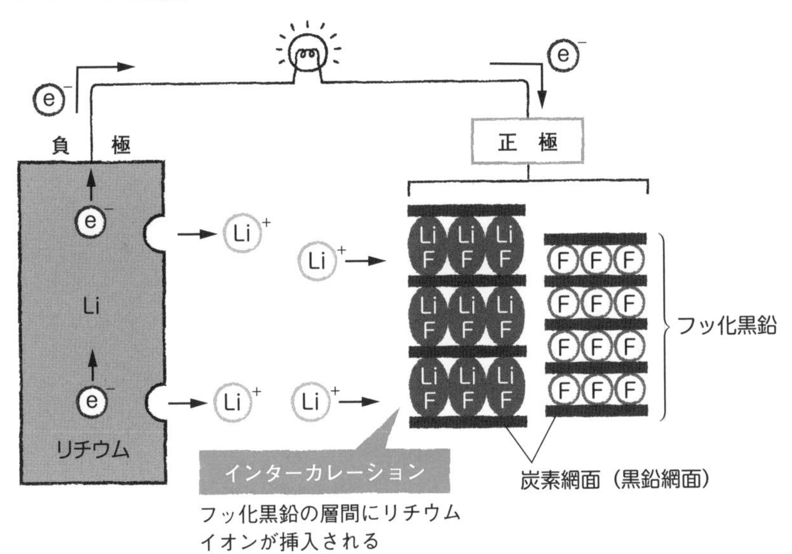

4-2 リチウムイオン電池の定義と原理

世界初の**リチウム二次電池**は、1985年にカナダのモリエナジー社が開発した二硫化モリブデン・リチウム電池で、自動車電話の電源に用いられました。しかし、負極に用いた金属リチウムからデンドライト〈➡ p124〉が成長し、発火事故を起こしたために全品回収されました。

この事故以後今日に至るまで、デンドライト問題は解決されておらず、金属リチウム二次電池で量産化された製品はありません。ただし、金属リチウム一次電池を充電可能にすれば、リチウムイオン電池を凌駕する高性能な二次電池ができますので、現在も活発に研究開発が行われています。

●リチウムイオン電池と呼ばれるための４要素

金属リチウム一次電池の二次電池化研究の過程で生まれたのが、リチウム二次電池と**リチウムイオン電池**です。リチウムイオン電池は「リチウムイオン二次電池（または、リチウムイオン蓄電池）」とも呼ばれ、もちろん二次電池ですが、リチウムイオン電池とその他のリチウム二次電池は何が違うのでしょうか。それはリチウムイオン電池の定義によります。

一般に、リチウムイオン電池とは次の４点を満たす電池とされています。

❶負極活物質はリチウムイオンを吸蔵・脱離可能な炭素材料
❷正極活物質はリチウムイオンを含有する金属酸化物
❸電解液は非水系
❹インターカレーション反応に基づく二次電池

リチウムイオン電池以外のリチウム二次電池は、❸❹は満たしても、❶と❷のどちらか、または両方が当てはまらないので、リチウムイオン電池とは呼ばれません。

●動作原理は双方向のインターカレーション

リチウムイオン電池では、原理的に充放電の際に負極活物質の溶解・析出が伴いません。リチウムイオンの吸蔵・脱離（**インターカレーション**）による酸化還元反応で発電しますので、基本的にデンドライトは発生しません。

放電時、負極活物質からリチウムイオンが脱離し（酸化反応）、正極活物質に吸蔵されます（還元反応）。負極で放出された電子は、外部回路を通って、正極に達し、そこで正極活物質に受け取られリチウムイオンが吸蔵されます。充電時にはこれと逆の反応が可逆的に起こります（図 4-2-1）。

図 4-2-1　リチウムイオン電池の充放電の原理

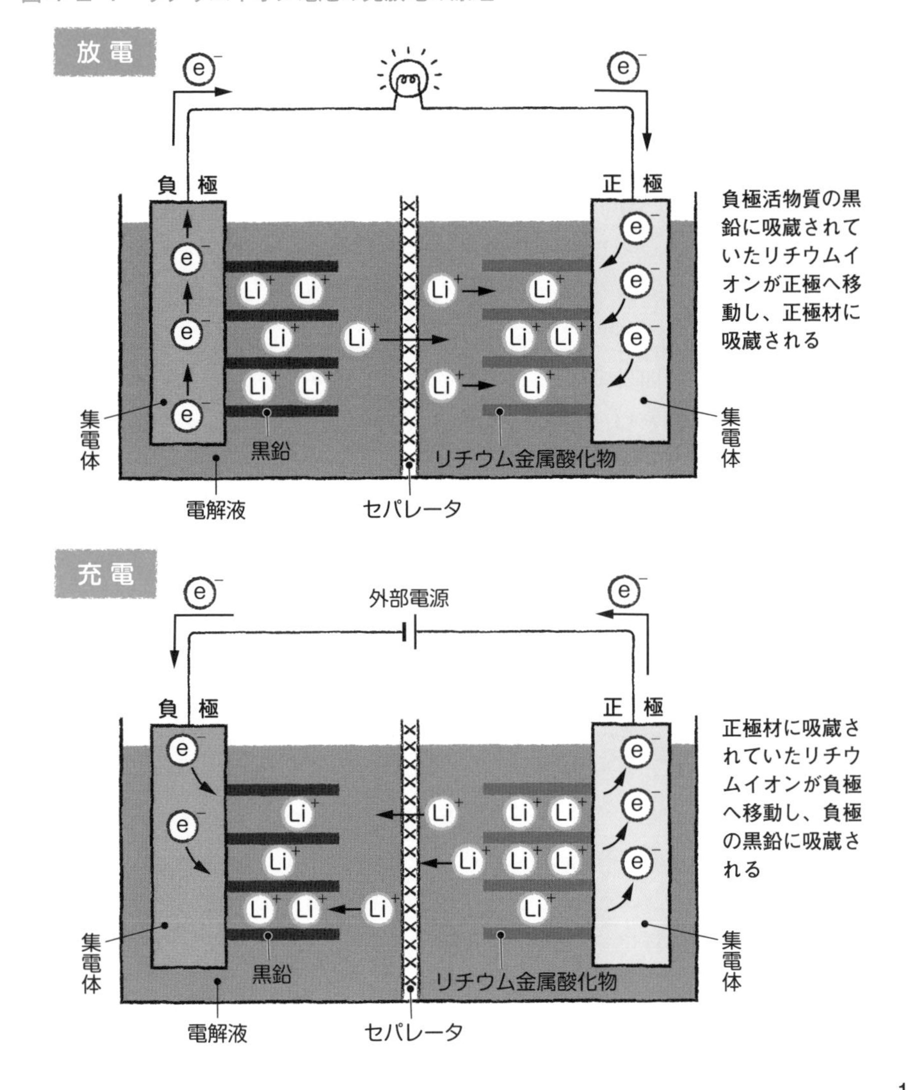

●リチウムをやすやすと出入りさせる黒鉛

リチウムイオン電池の負極活物質に用いられる炭素材料は、ほとんどの製品で**黒鉛**（**グラファイト**）です。一般に、炭素のことを英語で「カーボン（carbon）」といい、グラファイト（graphite）は炭素からなる元素鉱物の一種です。黒鉛は炭素原子が六角形に規則正しく並んだ板状の結晶体で、それが積み重なった層状構造をしています（図4-2-2）。

リチウムイオン電池の成功の要因としては、この黒鉛の負極材との出会いがあったことが挙げられます。なぜなら、黒鉛がインターカレーション反応に非常に適した材料だからです。

黒鉛の層内における炭素原子間の距離が1.42Åであるのに対して、層間の距離は3.35Åと約2.4倍広くなっています。これは、層内の炭素原子が共有結合で強く結びつき、層間はファンデルワールス力により弱く結びついているからです。ファンデルワールス力とは化学結合ではなく、すべての分子間や原子間で働く引きつけ合うクーロン力（静電気力）です。なお、1Å（オングストローム）$=1\times10^{-10}$m（メートル）です。

つまり、黒鉛の層間は非常にはがれやすく、粒子はまるで本のページをめくるようにやすやすと層間に入り込めるのです。また、電池の電圧は正極と負極の電位差で決まりますが、黒鉛は放電電位が低い値で安定しているので、高い電池電圧を保つことができるという利点もあります。

●インターカレーション反応式

黒鉛負極でのリチウムイオンのインターカレーション反応は、炭素原子6個による六角形格子にリチウムイオン1個が挿入されます（図4-2-3）。したがって、このときの反応式は次のとおりです。

《負極》$C_6 + Li^+ + e^- \rightarrow LiC_6$

リチウムイオン電池の充電では、負極の反応はすべてこの反応式に準じます。ただし、黒鉛の基本的な結晶構造に変化はありません。

インターカレーション反応のように、結晶構造を保ったまま一部の原子やイオンが出入りする反応を**トポ化学反応**（または**トポタクティック反応**）といいます。また、リチウムイオン電池の充放電では、リチウムイオンが正極・負極の間を行ったり来たりします。この往復で充放電する電池を、「揺り椅子」の動きにたとえて**ロッキングチェア型電池**といいます。

ちなみに、電解液中でも電極内でもリチウムがイオンの状態で存在するので、リチウム「イオン」電池と呼ばれます。

図 4-2-2　黒鉛の結晶構造

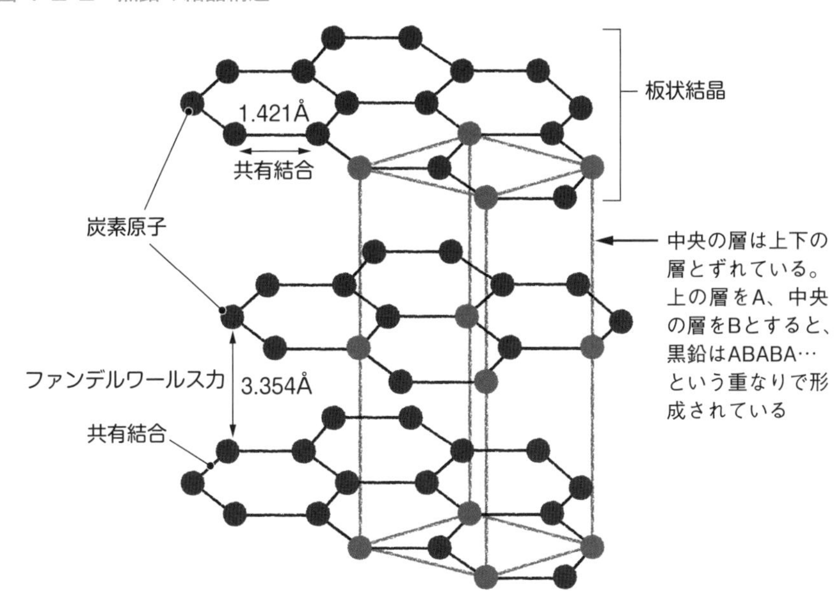

図 4-2-3　インターカレートされた黒鉛とリチウムイオン

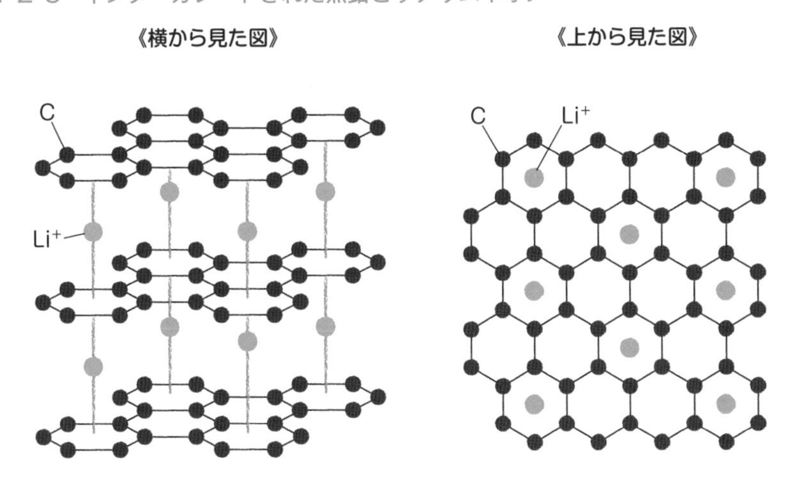

4-3 リチウムイオン電池の形状と用途

リチウムイオン電池は小型・軽量で高電圧が売りなので、用途に合わせて円筒形、角形、ラミネート型など、さまざまな形状の小型電池が製造・販売されています（図 4-3-1）。ただし、受注生産で電気・電子機器にあらかじめ組み込まれ、電池単独の小売をしていないものも多数あります。また、小型電池をパックにしたり、大規模モジュール化したりして、高電圧・大容量化した組電池も受注販売されています。

●リチウムイオン電池の主なセル形状

主なセル形状としては、円筒形、角形、ラミネート型、ピン形の 4 タイプがあります。

①円筒形

1991 年にソニーが世界で最初に量産化したリチウムイオン電池が円筒形でした。最も低コストで生産でき、他の形状より体積容量密度が高くなります。ただし、複数の電池をパックにした製品では、円筒形ゆえにすき間ができて容量とエネルギーの密度が低下します。

ノートパソコン、家電製品、電動工具、電動アシスト自転車、電気自動車など非常に多くの製品で使用されています。

②角形

角形といっても厚さは薄く、スマートフォンや携帯電話（いわゆるガラケー）の電源として採用されています。円筒形電池の外缶が鉄製なのに対して、角形では軽いアルミニウムが主流です。スマホ以外では、モバイル音楽プレーヤー、デジカメ、携帯ゲーム機器、各種センサーやウェアラブルデバイスなどの電源として用いられています。ハイブリッド車も角形です。

③ラミネート型

外装材が缶ではなくラミネートフィルムです。薄型で、軽量、製造コストも比較的安価です。重量に対して表面積が広く放熱性がすぐれており、電池の温度上昇を抑えることができます。そのため、ドローンや電動バイク、無人搬送車など、移動体用の電源として多数採用されています。

④ピン形

直径3.65ミリ、高さ2センチ、重さわずか0.5グラムの非常に小さな電池です。パナソニックが開発・製造し、補聴器やワイヤレスイヤホン、リストバンド端末などの電源として使用されています。

図4-3-1　リチウムイオン電池の形状による構造の違い

①円筒形

②角形

③ラミネート型

④ピン形

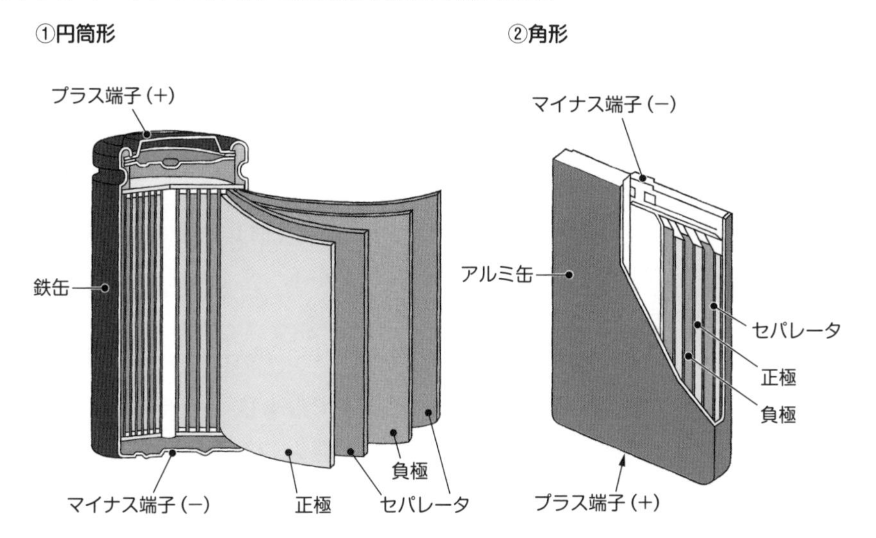

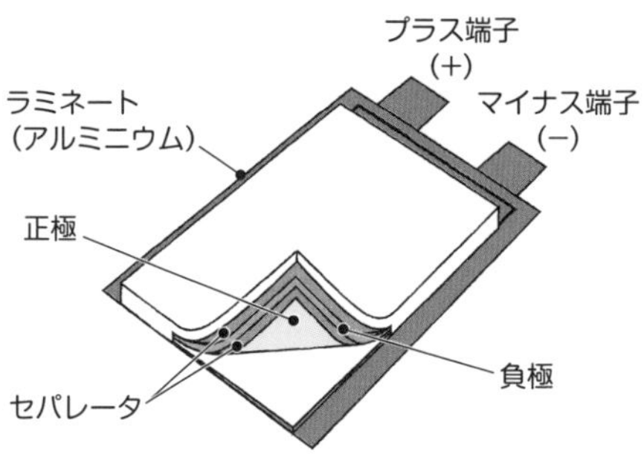

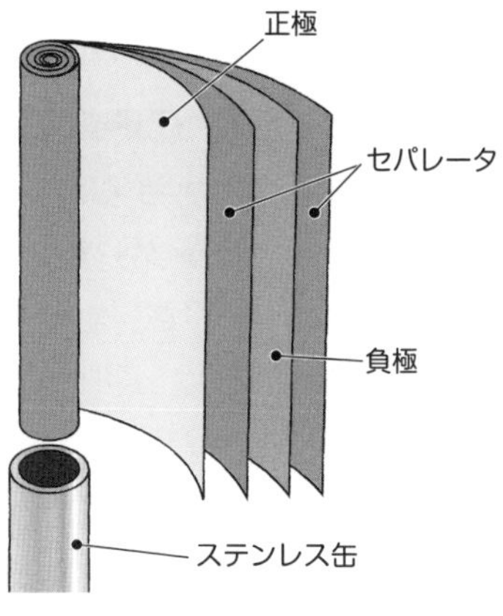

4-4 正極材による
リチウムイオン電池の分類

リチウムイオン電池の定義〈➡ p140〉に従えば、負極活物質は炭素材料でなければならないので、電池の名称つまり電池の種類は正極活物質で区別します。なお、負極活物質の炭素材料は現在はほとんどが黒鉛です。

もちろん、リチウム系電池の中には定義に合わない電池もたくさんあります。しかし、それは「リチウムイオン電池」とは呼ばないだけで、リチウムイオン電池より性能が落ちるということを表しているわけではありません。

●リチウムイオン電池の主な正極活物質

主な正極活物質は下の①～⑤の5種類です。各電池は、一般に正極活物質の物質名を冠した名称で呼ばれています（表4-4-1、表4-4-2）。

①コバルト酸リチウム（$LiCoO_2$）

ソニーが世界で最初に量産化したリチウムイオン電池はコバルト酸リチウムを正極に使用しました。以後、現在に到るまで最も広く普及しており、リチウムイオンの標準電池といえます。ただし、発火の危険性がぬぐい去れないため、車載用には使われていません。

②マンガン酸リチウム（$LiMn_2O_4$）

車載用電池の主流です。その理由は、コバルトの約10分の1というマンガンの安さに加え、結晶構造が強固で熱安定にすぐれており、安全性が高いからです。電池内部の抵抗が小さいため、急速充電・急速放電が可能です。

③リン酸鉄リチウム（$LiFePO_4$）

マンガン電池よりもさらに安価に製造できるメリットがあります。また、サイクル寿命とカレンダー寿命がともに長いのも利点です。ただし、公称電圧（起電力）が3.2Vで、他のリチウムイオン電池より小さいのが欠点です。

④三元系（NMC系）

コバルト酸リチウムのコバルトの一部をニッケルとマンガンに置換した、3つの金属元素からなる複合材料を正極材にしたものです。電圧がそこそこ高いうえに、サイクル寿命も長いのが特長です。

⑤ニッケル系（NCA 系）

ニッケルをベースに、一部をコバルトで置換し、アルミニウムを添加した3つの金属元素からなる複合材料を正極材にしたものです。エネルギー密度が高いものの、耐熱性に課題があり、サイクル寿命も短めです。

表 4-4-1　リチウムイオン電池の種類

	電池名	正極活物質	負極活物質	公称電圧（または平均電圧）(V)	重量エネルギー密度 (Wh/kg)	サイクル寿命（放電深度 100 %）（回）	本書のページ
①	コバルト酸リチウムイオン電池	コバルト酸リチウム $LiCoO_2$	黒鉛	3.7	150〜240	500〜1000	➡ p148
②	マンガン酸リチウムイオン電池	マンガン酸リチウム（スピネル構造）$LiMn_2O_4$	黒鉛	3.7	100〜150	300〜700	➡ p158
③	リン酸鉄リチウムイオン電池	リン酸鉄リチウム（オリビン構造）$LiFePO_4$	黒鉛	3.2	90〜120	1000〜2000	➡ p160
④	三元系リチウムイオン電池	三元系（NMC 系）$LiNi_xMn_yCo_zO_2$	黒鉛	3.6	150〜220	1000〜2000	➡ p162
⑤	ニッケル系リチウムイオン電池	ニッケル系（NCA 系）$LiNi_xCo_yAl_zO_2$	黒鉛	3.6	200〜260	約 500	➡ p162

表 4-4-2　リチウムイオン電池の長所・短所

	電池名	長所・短所
①	コバルト酸リチウムイオン電池	・リチウムイオンの標準電池として広く普及 ・発火の危険性があり、車載用には使われていない
②	マンガン酸リチウムイオン電池	・安全性が高く、車載用電池の主流 ・急速充電・急速放電ができる
③	リン酸鉄リチウムイオン電池	・安価でサイクル寿命、カレンダー寿命が長い ・公称電圧が他のリチウムイオン電池より低い
④	三元系リチウムイオン電池	・電圧がそこそこ高く、サイクル寿命も長い
⑤	ニッケル系リチウムイオン電池	・エネルギー密度は高いが、耐熱性に課題が残る

4-5 リチウムイオン電池の種類①
コバルト酸リチウムイオン電池

コバルト酸リチウム（$LiCoO_2$）を正極活物質に用いた、リチウムイオン電池の中で最初に量産化されたタイプです。コバルト酸リチウムが選ばれた理由は、比較的容易に合成でき、取り扱いが簡単なことに加えて、他の二次電池に比べて電圧（起電力）が高く、サイクル寿命も長かったからです。

しかし、コバルトがレアメタルの高価な金属だったために、当初はすぐにでも安価な材料に置き換わると考えられていました。しかし、これまで多種の正極活物質が製造されているものの、現在でもコバルト酸リチウムイオン電池が主流となっています。

●結晶構造は六方晶の層状構造

負極の黒鉛（グラファイト）の結晶は、炭素原子の環状六角形（**六方晶**）が層状に重なって六角柱の六方晶系の構造をなしています〈➡ p142〉。炭素原子6個につきリチウムイオン1個を吸蔵でき、炭化リチウム（LiC_6）を形成するものの、もともとはリチウムイオンを含有していません。リチウムイオンは正極活物質から供給されます。

正極活物質のコバルト酸リチウムは**α-$NaFeO_2$型層状岩塩構造**と呼ばれる、リチウム（アルカリ金属）とコバルト（遷移金属）が、酸素の層間に並んだ構造をしています。これが積層して黒鉛に似た六方晶の格子を形成し〈➡ p143〉、層間のリチウムが脱離・吸着することで電池反応が進みます。

●電池反応式

リチウムイオン電池では、最初は負極にリチウムイオンがありませんので、本来は充電時の正極での電池反応から記述すべきかもしれませんが、ここではこれまでどおり放電時の負極から紹介します。

負極では、放電時に、吸蔵していたリチウムイオンが脱離して電子を電解液中に放出します。逆に充電時には、電解液からリチウムイオンを取り込んで吸着します。正極ではそれぞれ逆の反応が起こります（図 4-5-1）。

電極での電池反応は次のとおりです。

《負極》 $Li_xC_6 \rightleftarrows C_6 + xLi^+ + xe^-$

《正極》 $Li_{1-x}CoO_2 + xLi^+ + xe^- \rightleftarrows LiCoO_2$

《反応全体》 $Li_xC_6 + Li_{1-x}CoO_2 \rightleftarrows C_6 + LiCoO_2$

図 4-5-1　コバルト酸リチウムイオン電池の電池反応の原理

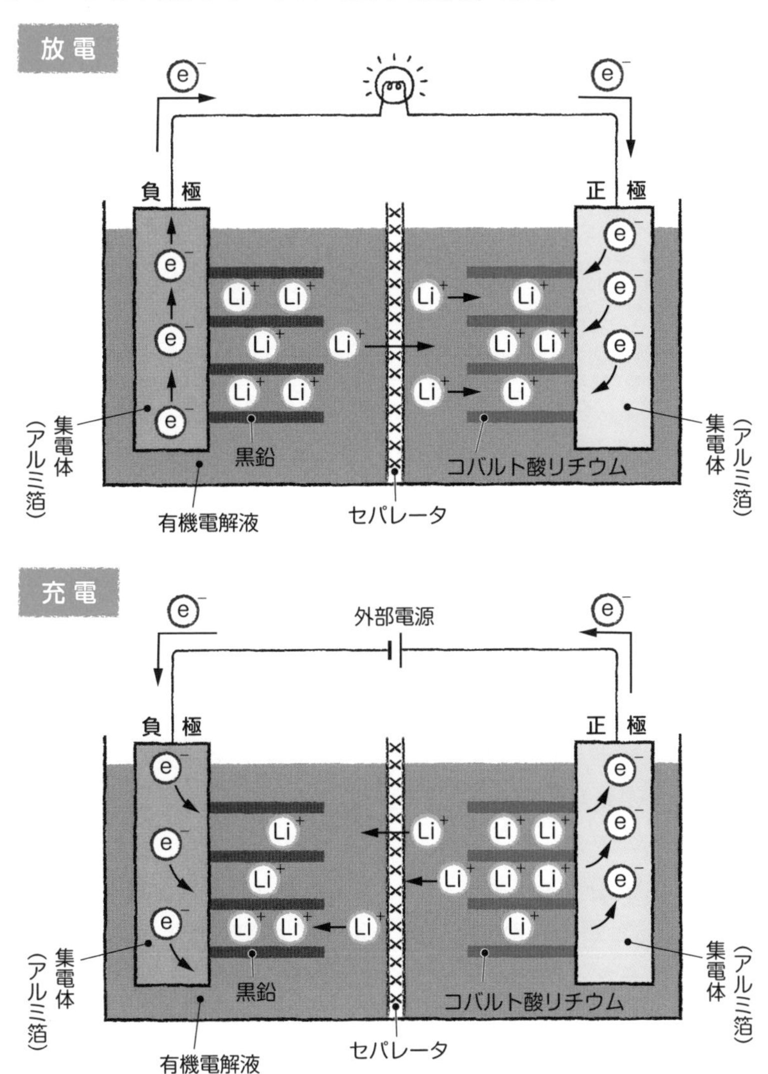

なお、電池反応式で、リチウム（Li）の原子記号の右下に付いている見慣れない小さな「x」は、反応する原子の割合を表しています。原理的には炭素原子（C）6個につきリチウムイオン1個が吸蔵されますが、実際にはすべての炭素六員環がリチウムイオンを吸蔵するわけではないので、このような書き方をします。xは0〜1の間の値を取ります。

反応式を理解するには、xを割合というより個数と考えたほうがわかりやすいかもしれません。たとえば、炭素六員環1つ（炭素原子6個）あたり、吸蔵・脱離するリチウムイオンが実際には0.5個だった場合、x＝0.5となり、電池反応式は次のように表されます。

《負極》$Li_{0.5}C_6 \rightleftarrows C_6 + 0.5Li^+ + 0.5e^-$

《正極》$Li_{0.5}CoO_2 + 0.5Li^+ + 0.5e^- \rightleftarrows LiCoO_2$

《反応全体》$Li_{0.5}C_6 + Li_{0.5}CoO_2 \rightleftarrows C_6 + LiCoO_2$

ただし、x＝1としてxを省き、簡略に反応式を書く場合もあります。

●コバルト酸リチウムの電気容量利用率

上記で「x＝0.5」を仮想したように書きましたが、実はこれは現実に即した正しい化学反応式です。というのは、（負極活物質の黒鉛ではなく）正極活物質のコバルト酸リチウムが、正しくは「$Li_{0.5}CoO_2$」なのです。つまり、本来なら酸化コバルト（CoO_2）1個につき、リチウムイオン1個が吸着・脱離し、充放電に使用できるはずですが、実際は酸化コバルト1個につき、リチウムイオンは0.5個しか吸着・脱離できません。

その理由は、コバルト酸リチウムの結晶構造が変形しやすく、吸蔵されているリチウムイオンが脱離すると、結晶構造がゆがむためです。そして、約半分のリチウムイオンが抜けてしまうと、結晶が六方晶系から単斜晶系へ相転移（結晶構造が変わること）（図4-5-2）を起こし、層状構造が壊れて充放電できなくなるのです。そのため、コバルト酸リチウムの重量当たりの**理論容量**が約274mAh/gであるにかかわず、**実容量**（または、**実効容量**）は約半分の148mAh/gしかないのです（表4-5-1）。理論容量とは活物質の組成から理論的に算出される電気容量、実容量は実際に使える電気容量です。

コバルト酸リチウムイオン電池の結晶構造を強固にするために、三元系（NMC系）電池〈➡p162〉では、コバルトの一部をニッケルとマンガンに置換しています。また、その他のリチウムイオン電池でも容量の利用率の向上が図られています。

図 4-5-2　六方晶から単斜晶への相転移

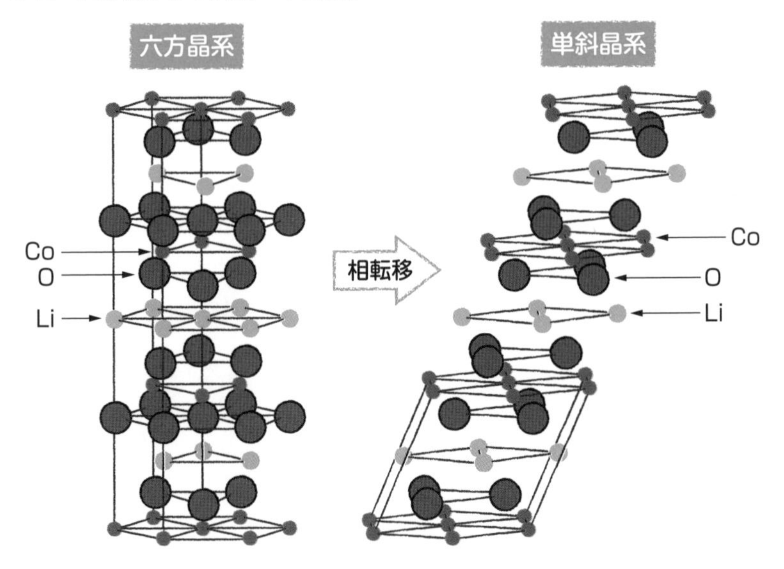

表 4-5-1　主なリチウムイオン電池の正極材の電気容量

	電池名	正極活物質組成	構造	理論容量 (mAh/g)	実容量 (mAh/g)	利用率 (%)	本書のページ
①	コバルト酸リチウムイオン電池	$LiCoO_2$	層状岩塩構造	274	148	54.0	—
②	マンガン酸リチウムイオン電池	$LiMn_2O_4$	スピネル構造	148	120	81.1	➡ p158
③	リン酸鉄リチウムイオン電池	$LiFePO_4$	オリビン構造	170	160	94.1	➡ p160
④	三元系リチウムイオン電池（NMC 系）	$LiNi_{0.33}Mn_{0.33}Co_{0.33}O_2$	層状岩塩構造	280	160	57.1	➡ p162
		$LiNi_{0.5}Mn_{0.2}Co_{0.3}O_2$		278	165	59.4	
		$LiNi_{0.6}Mn_{0.2}Co_{0.2}O_2$		277	170	61.4	
		$LiNi_{0.8}Mn_{0.1}Co_{0.1}O_2$		276	200	72.5	
⑤	ニッケル系リチウムイオン電池(NCA系)	$LiNi_{0.8}Co_{0.15}Al_{0.05}O_2$	層状岩塩構造	279	199	71.3	➡ p162

※利用率＝実容量÷理論容量

※正極活物質組成は小数を分数で表すこともある。　(例) $LiNi_{0.33}Mn_{0.33}Co_{0.33}O_2$ → $LiNi_{1/3}Mn_{1/3}Co_{1/3}O_2$

4-6 リチウムイオン電池の電解液

リチウムイオン電池では、正極・負極間をリチウムイオンが移動することで充放電が進みます。電解液の主たる役割はそのリチウムイオンを運ぶことですが、それだけでなく、高温・低温域での高電圧作動や高速充電を可能にしたり、電池の安全性と長寿命を確保することなどにも深く関わっています。なお、電解液は電子を運ぶことはできません。

インターカレーションを基本原理とするリチウムイオン電池が実用化できたのは、それに適した電解液の開発に成功したことが鍵となりました。

●有機電解液と電解質の成分

リチウムは反応性が高く、水と激しく反応するため、従来の化学電池で使われてきた水系電解液は使えません。代わりに有機溶媒にリチウム塩を少量溶かした**有機電解液**を使用しています。**有機溶媒**とは液体の有機化合物の総称で、身近なものではエタノールやベンゼン、トルエンなどがあります。

リチウムイオン電池の電解液は、一般に**環状カーボネート**と**鎖状カーボネート**（表 4-6-1）の混合有機溶媒であり、その中に電解質としてリチウム塩を少量溶解させます。カーボネートとは炭酸塩のことです。

リチウム塩はリチウムイオンの最初の供給源となります。現在主流のリチウム塩は六フッ化リン酸リチウム（$LiPF_6$）です（図 4-6-1）。$LiPF_6$ が汎用される理由は、イオン伝導度が高く、電気化学的に安定していることに加えて、製造コストが安いためです。また、良質な電極被膜をつくることや、分化して生じるフッ化物イオンが集電体のアルミ箔の腐食を防止する機能を有することもわかっています。ただし、$LiPF_6$ の欠点は熱的安定に欠けることで、高温環境での作動や保存には適しません。

電解液にはさらに、電極保護や過充電防止、金属溶出を抑制する目的で種々の添加剤が加えられます。なお、現在の主流は、エチレンカーボネートを混ぜた混合溶媒に六フッ化リン酸リチウムを溶解したものです。

●有機電解液の利点

有機電解液を使用することで、起電力が高くなるという利点があります。水の電気分解電圧は約1.23Vで、これ以上の電圧をかけなければ電気分解が起こらないのですが、逆にいえば放電電圧が1.23V以上になると、水系電解液は自ら水の電気分解を起こしてしまうのです。

表4-6-1　リチウムイオン電池の電解液に用いられる主な有機溶媒

物質名	エチレンカーボネート	プロピレンカーボネート	ジメチルカーボネート
別名	炭酸エチレン	炭酸プロピレン	炭酸ジメチル
略号	EC	PC	DMC
化学式	$C_3H_4O_3$	$C_4H_6O_3$	$C_3H_6O_3$
構造		CH_3	H_3CO OCH_3
構造	環状	環状	鎖状
沸点 (℃)	244.0	240	90.3
融点 (℃)	36.4	−49	4.6
引火点 (℃)	143	132	14
粘性 (cP)	1.9（40℃）	2.5	0.59

物質名	ジエチルカーボネート	エチルメチルカーボネート
別名	炭酸ジエチル	炭酸エチルメチル
略号	DEC	EMC
化学式	$C_5H_{10}O_3$	$C_4H_8O_3$
構造	C_2H_5O OC_2H_5	H_3CO OC_2H_5
構造	鎖状	鎖状
沸点 (℃)	126	108.5
融点 (℃)	−43	−53
引火点 (℃)	25	22.5
粘性 (cP)	0.75	0.65

※流体の粘度の単位P（ポアズ）は国際単位系（SI）ではなく、CGS系の単位。1P=0.1Pas（パスカル秒）=100cP（センチポアズ）。
※粘性が大きすぎると、イオンの移動速度が遅くなる。

実際は電解液の成分などによって違ってきますが、ニカド電池〈➡ p84〉やニッケル水素電池〈➡ p90〉の起電力（公称電圧）が約1.2Vなのは、こうした電解液からくる制限のためです。その点、有機電解液では制限電圧が高いため、リチウムイオン電池では高い電圧が可能になりました。

さらに、（混合）有機溶媒は－20℃～という低温度帯での電池の使用を可能としています。水系電解質の電池に比べて凍結温度が低いので、氷点下での作動に強みがあります。

●有機電解液が発火の原因に

一方、有機電解液の最大の欠点は、前述したエタノールやベンゼンなどの例を見てわかるように、可燃性であることです。いわばガソリンのようなものなのです。過去、リチウムイオン電池が発火したり爆発したりする事故が多発したのは、可燃性の電解液が原因の1つです。表4-6-1より、鎖状カーボネートの引火点がかなり低いことがわかります。

現在の日本製品では発火問題はほぼ解決していますが、すべてのリチウムイオン電池の安全性が認められているわけではありません。そのため原則的に、航空貨物でリチウムイオン電池（を含むリチウム電池全般）を単体で発送することは今でもできません。

●電極を覆う被膜は悪玉か、善玉か

電解液の役割には、良質な電極被膜を作ることもあります。リチウムイオン電池では、副反応として両電極表面に数十nm（ナノメートル）の厚さのごく薄い不動態膜が形成され、これを**SEI**（Solid Electrolyte Interface）といいます。不動態とは反応性がない状態のことです。

中でも負極の黒鉛を覆うSEIは、初回充電時に電解液の還元反応で作られます。SEIはリチウム化合物を含むため、リチウムを消費して放電容量を減少させると同時に、充放電効率も低下させます。と、ここまではSEIは悪玉です。

ところが、2サイクル目以降の充放電からは、SEIは充電で厚くなり、放電で薄くなることを繰り返し、結果的に安定被膜となり、イオン伝導性を持っているために、充放電効率をほぼ100％に安定的に保つのに貢献するのです。リチウムイオン電池が長期にわたって安定した出力を続けられるのはSEIのおかげでもあり、その意味ではSEIはとびっきりの善玉といえます。

とはいえ、充放電サイクルを繰り返すうちにSEIが厚くなると、悪玉にもどって、リチウムイオン電池の劣化〈➡ p168〉の原因になります。

図 4-6-1　リチウムイオン電池の主な電解質

①六フッ化リン酸リチウム

$LiPF_6$

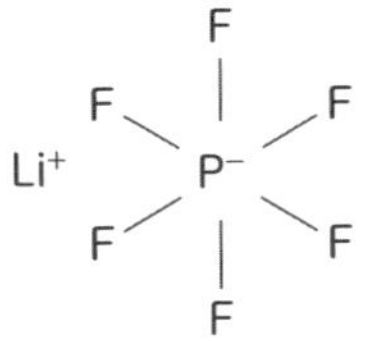

現在主流の電解質。ヘキサフルオロリン酸リチウムともいう。電気化学的に安定だが、高温環境に弱い

②過塩素酸リチウム

$LiClO_4$

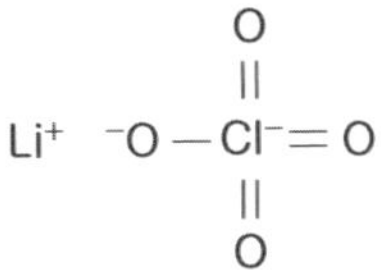

安価で、イオン伝導度が高い。リチウム一次電池にも用いられている。電解質の添加剤として利用

③四フッ化ホウ酸リチウム

$LiBF_4$

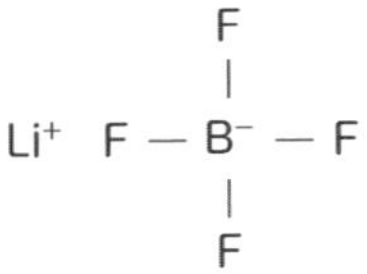

イオン解離能力がやや低い。$LiPF_6$より伝導度が低い。電解質の添加剤として利用

④ビス(トリフルオロメタンスルホニル)イミドリチウム

$LiN(SO_2CF_3)_2$

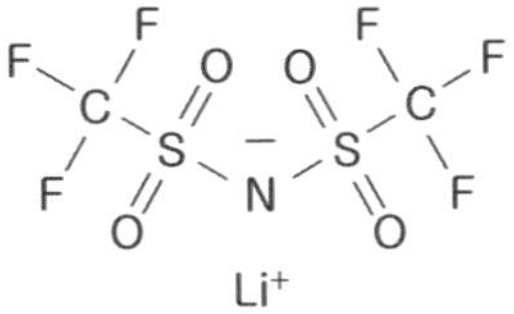

伝導度が極めて高い。コンデンサの電解質にも用いられている

4-7 リチウムイオン電池のセパレータの役割と素材

元来、セパレータの役割は３つで、電池一般にも通じるものです。しかし、リチウムイオン電池の高性能化を追求する過程で、セパレータに求められる性能や機能も多様でハイレベルになっています。

●セパレータの役割と求められる主な性能

セパレータの３大役割は次のとおりです。

❶正極と負極を分断して、電解液を保持する→二次電池としての基本構造を維持し、酸化還元反応が適切に行われる場を維持。

❷正極と負極の接触を防止する→両極が短絡（ショート）するのを防止。

❸リチウムイオンの伝導性を確保する→セパレータは多孔性で、電解液の拡散を防ぎながら、リチウムイオンだけを通過させる。

以上３点を高度に実現するために、セパレータには次のような性能が求められています。

①厚さをなるべく薄く、均一に、かつ強く→均一な厚さはイオン伝導を部分的に集中させないため。セパレータの膜の厚さは現在 15～30μm（マイクロメートル）。電池の小型化・軽量化・強じん化を追求。

②空孔率を大きく→孔を小さく、かつ多数にする。一般に孔の直径は数百nm（ナノメートル）以下。1μm＝1000nm。

③高度な絶縁性→正極と負極を絶縁する。

④電解液との高い親和性→濡れ性ともいい、電解液とセパレータの付着を密にしてイオン伝導性を高める。

⑤耐電圧性・耐電解液性→電極の酸化還元電位にも安定で、電解液とも反応しない安定性を追求する。これにより高容量化・長寿命化を実現。

●素材が持つ緊急シャットダウン機能

以上の性能を求められるセパレータの材料は、現在**ポリオレフィン**系が主流ですが、さまざまな素材が研究・開発されています。ポリオレフィンとは特定の構造を持つプラスチックの総称で、セパレータには**ポリエチレン**や**ポリプロピレン**（図 4-7-1）、その複合材料などが多用されています。ただし、添加剤や表面加工が施されて機能が高められています。

ポリオレフィン系セパレータは、電池の熱暴走を防止する働きも持っています。設定以上に電池の温度が上がるとセパレータが溶けて孔をふさぎ、電池反応を止めるのです。これを**シャットダウン機能**といいます（図 4-7-2）。

図 4-7-1　ポリエチレンとポリプロピレン

①ポリエチレン（PE）

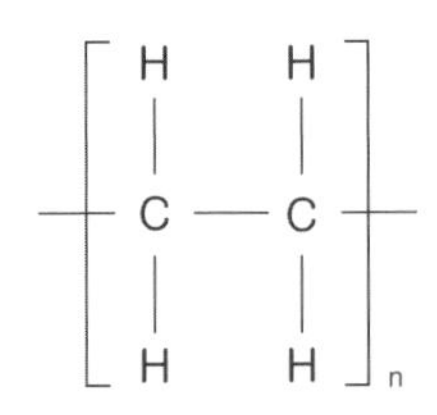

・密度が小さい（900～960kg/m³）
・耐熱温度（70～110℃）
・化学的・熱的に安定

②ポリプロピレン（PP）

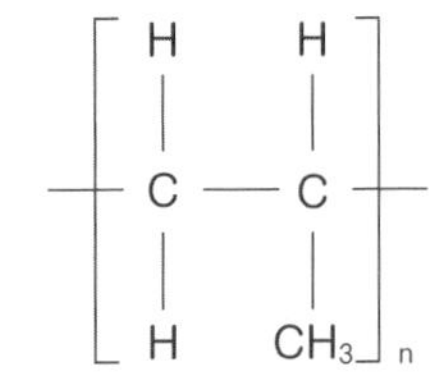

・密度が小さい（900～910kg/m³）
・耐熱温度（100～140℃）
・機械的強度にすぐれる

図 4-7-2　セパレータのシャットダウン機能

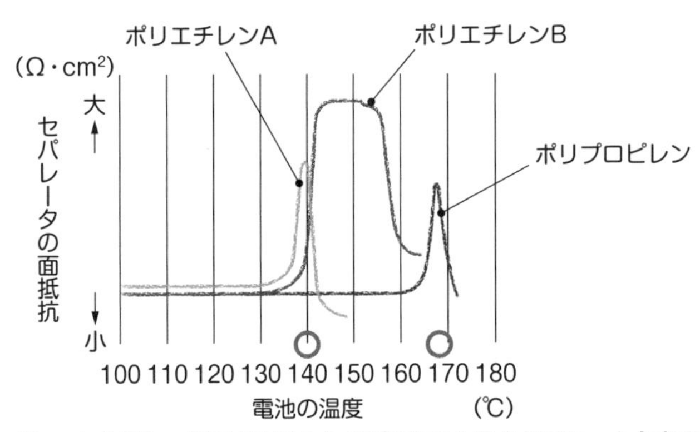

電解質にセパレータを浸し、温度を室温から180℃まで上昇させていったときの抵抗値の変化。面抵抗の上昇はセパレータの導電性が低下したことを示す。ポリエチレン製（AとB）セパレータは約140℃で、ポリプロピレン製セパレータは約170℃でシャットダウンする

「リチウムイオン電池用セパレータの技術動向」吉野彰、機能紙研究会誌2015年54巻を参考に作成

4-8 リチウムイオン電池の種類② マンガン酸リチウムイオン電池

負極に黒鉛、正極活物質に**マンガン酸リチウム**（$LiMn_2O_4$）、を用いた電池です。コバルト酸リチウム電池と同様に、容量・電圧・エネルギー密度・サイクル寿命などの性能を高レベルで発揮するバランスのとれた電池です。

原材料のマンガンの価格がコバルトの約10分の1、ニッケルの約5分の1と安く、製造も容易なことに加えて、コバルト酸リチウムイオン電池の熱的不安定性を改善し、安全面が向上したために、電気自動車の搭載電池として主流になっています。ただし、三元系（NMC）の搭載車も増えています。

電池反応は以下のとおりです。

《負極》$Li_xC_6 \rightleftarrows C_6 + xLi^+ + xe^-$

《正極》$Li_{1-x}Mn_2O_4 + xLi^+ + xe^- \rightleftarrows LiMn_2O_4$

《反応全体》$Li_xC_6 + Li_{1-x}Mn_2O_4 \rightleftarrows C_6 + LiMn_2O_4$

●スピネル型結晶構造とインターカレーション

正極のマンガン酸リチウムが他電池のリチウム酸化物とまったく異なっているのは、結晶構造が層状ではなく、**スピネル型**（図4-8-1）である点です。スピネル型は、尖晶石（せんしょうせき）（スピネル）という鉱物の結晶構造で、化学組成は$MgAl_2O_4$です。一般にAB_2O_4（Aは2価の金属元素、Bは3価の金属元素）という化学式で表される酸化物に多く見られます。

スピネル型結晶構造には多くの空孔があり、リチウムイオンはその空孔を通って拡散することができるため、**インターカレーション**反応が可能になります（図4-8-2）。また、マンガン酸リチウムイオン電池がコバルト系やニッケル系より強固なのも、このスピネル構造のおかげです。

●理論容量がコバルト酸リチウムの半分

マンガン酸リチウムは、化学式からわかるように、リチウム1molに対してマンガンが2mol含まれます。そのため、リチウム：コバルト＝1：1のコバルト酸リチウムに比べて、重量あたりの理論容量が半分しかありません。

しかし、結晶構造が強固なため、リチウムイオンが脱離しても結晶構造は層状構造のような顕著な変形を起こさないので、容量の利用率が高く、コバルト酸リチウムに比べて実容量の差は小さく抑えられています〈➡ p150〉。

図 4-8-1　マンガン酸リチウムのスピネル型結晶構造

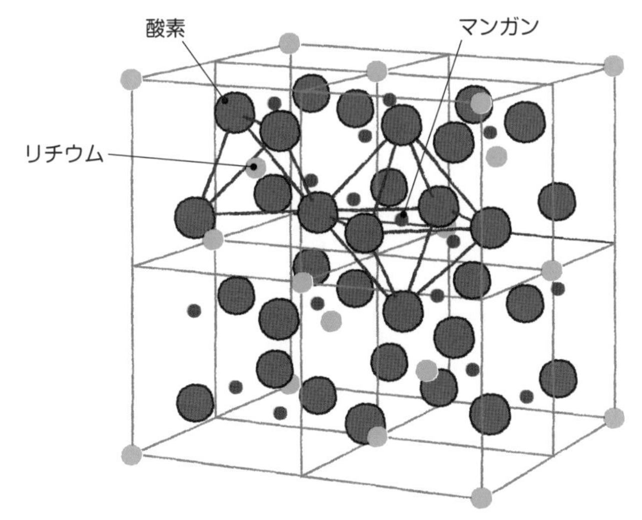

リチウムは酸素の四面体の中心に位置し、マンガンは酸素の八面体の中心に位置する

図 4-8-2　充放電時のマンガン酸リチウム正極

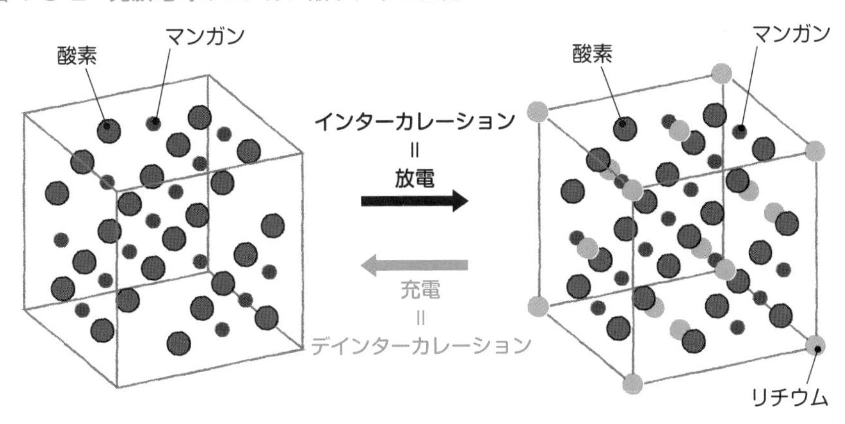

マンガン酸リチウムイオン電池を放電すると、負極を脱離したリチウムイオンが移動してきて、正極に吸着する（インターカレーション）。充電時には、正極からリチウムイオンが脱離し（デインターカレーション）、負極へ向かう

4-9 リチウムイオン電池の種類③ リン酸鉄リチウムイオン電池

負極に黒鉛、正極活物質に**リン酸鉄リチウム**（$LiFePO_4$）を用いた電池です。結晶構造が層状でもなく、スピネル型でもなく、**オリビン型**であることが最大の特徴です。「オリビン（olivine）」とは「カンラン石」のことで、カンラン石と同じ結晶構造をオリビン型といいます。リン酸（PO_4）が骨格を形成し、酸素が四面体と八面体を構成しています（図4-9-1）。

オリビン型結晶構造は熱的安定性をもたらしています。というのは、コバルト酸リチウムやマンガン酸リチウムでは、含まれる酸素原子が容易に離れて燃焼し熱暴走を起こしてしまうのに対して、オリビン型では酸素とリンが強く結合しており、電池が発熱しても酸素が放出されにくいからです。

●リン酸鉄リチウムの長所

リン酸鉄リチウムの理論容量がコバルト酸リチウムに比べてかなり小さいのは、酸化還元反応に直接関与しない酸素とリンがたくさんあるからです。しかし、リン酸鉄リチウムイオン電池の容量利用率は高く、実容量はコバルト酸リチウムを上回ります〈➡ p151・表4-5-1〉。

また、自己放電率が小さいため、長期保存が可能で、サイクル寿命も長めです。さらに、鉄を材料として用いるので、マンガンの数分の１という原料代の安さもリン酸鉄リチウムイオン電池の長所です。

●導電性が悪いオリビン型を電極にした工夫

一方、電圧とエネルギー密度が他のリチウムイオン電池に比べて低いという欠点があります。元来、リン酸鉄リチウムは導電性が低く、電極活物質には向かないといわれてきました。それを、活物質を微粉化したり、カーボン粉を被覆することで解決しました（図4-9-2）。

また、リチウムイオンがすべて脱離すると、体積は７％変化します。そのため、深い充放電を繰り返すと、体積変化による正極の構造変化や活物質の破壊が引き起こされて、電池性能が大きく低下する恐れもあります。

リン酸鉄リチウムイオン電池の電池反応は以下のとおりです。

《負極》 $Li_xC_6 \rightleftarrows C_6 + xLi^+ + xe^-$

《正極》 $Li_{1-x}FePO_4 + xLi^+ + xe^- \rightleftarrows LiFePO_4$

《反応全体》 $Li_xC_6 + Li_{1-x}FePO_4 \rightleftarrows C_6 + LiFePO_4$

図 4-9-1　リン酸鉄リチウム（$LiFePO_4$）のオリビン型結晶構造

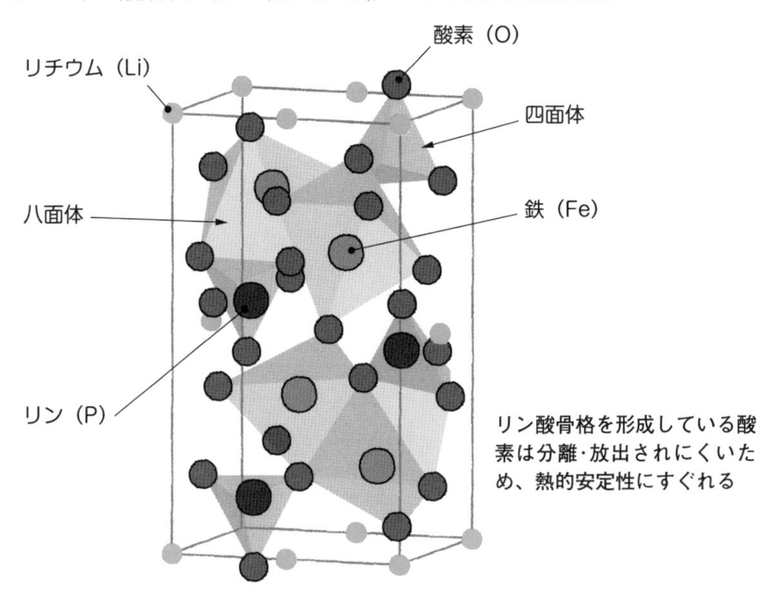

図 4-9-2　リン酸鉄リチウム粒子の微粉化とカーボン粉被膜

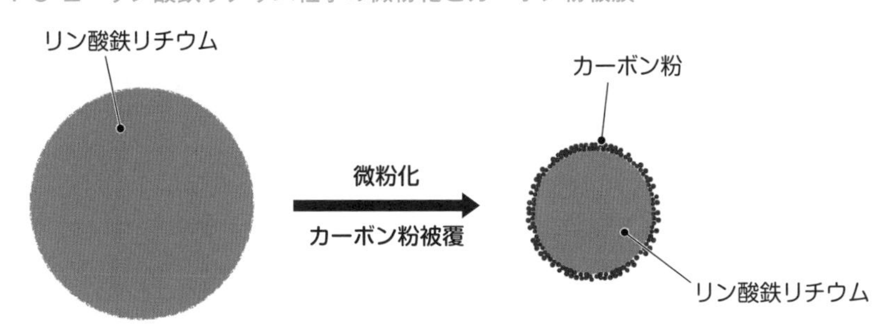

4-10 リチウムイオン電池の種類④ 三元系(NMC)とニッケル系(NCA)リチウムイオン電池

負極に黒鉛、正極活物質にリチウム以外に3つの金属元素を用いたリチウムイオン電池を**三元系リチウムイオン電池**といいます。

●三元系（NMC）リチウムイオン電池

ニッケル・マンガン・コバルト（Ni–Mn–Co）とリチウムからなる正極を使用したリチウムイオン電池を、**三元系**またはニッケル、マンガン、コバルトの頭文字を取って**NMC系**リチウムイオン電池といいます。

三元系正極は、コバルト酸リチウムのコバルトの一部をニッケルとマンガンに置き換えて強度を高めたもので、コバルト酸リチウムとほぼ同じ層状結晶構造を形成しています（図4–10–1）。コバルト酸リチウムイオン電池より、理論容量・実容量が大きく、サイクル寿命でも優位です〈➡ p151・表4–5–1〉。ただし、3元素の含有比率によって、性能に若干の違いがあります。

過充電や物理的衝撃でショートする危険性は残っているものの、熱的安定性にすぐれ、電気自動車用バッテリーとして採用される例が増えています。

●ニッケル系（NCA）リチウムイオン電池

正極にニッケル・コバルト・アルミニウム（Ni–Co–Al）とリチウムからなる正極を用いた電池で、三元系といえますが、一般に「三元系」といえばNMCを指すことが多く、こちらは**NCA系**リチウムイオン電池と呼ばれます。

ニッケル系正極材では、先にニッケル酸リチウム（$LiNiO_2$）が開発され、理論容量が大きいのですが、合成時にLiが不足した$Li_{1-x}Ni_{1+x}O_2$が生成されるなど合成が難しく、量産化までには至りませんでした。またLiが脱離するときNiとLiが入れ替わったり、さらにLiが多いとNiの位置まで占有してしまうなどの挙動も見つかっています。

そこで、結晶構造を安定化させるためにニッケルの一部をコバルトに置換し、さらに耐熱性を改善するためにアルミニウムを添加したのがNCA正極材で、NMC系と同じく層状構造をとります。NMC系との違いは、マンガンの代わりにアルミニウムが使用された点で、理論容量・実容量はNMC系に匹敵し（表4-10-1）、エネルギー密度はNMCを凌駕します（➡p147・表4-4-1）。安全性が確保されたために、トヨタのプリウス・プラグインハイブリッドにも搭載されました。

図4-10-1　三元系（NMC）正極材の結晶構造

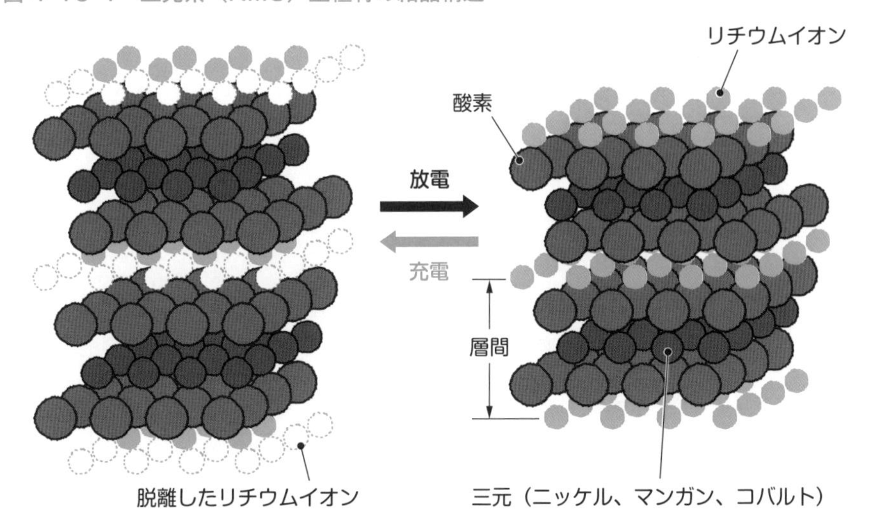

酸素、三元（ニッケル、マンガン、コバルト）、リチウムの層が積み重なった層状岩塩構造を形成している

表4-10-1　広義の三元系（リチウム以外に3種の金属原子）を用いた正極材の現状

結晶構造	正極活物質	理論容量 (Ah/kg)	実容量（実験値） (Ah/kg)	平均電位 (V)	現状
層状岩塩構造	$LiNi_{0.33}Mn_{0.33}Co_{0.33}O_2$	280	160	3.7	商業利用
	$LiNi_{0.8}Co_{0.15}Al_{0.05}O_2$	279	199	3.7	商業利用
	$Li_2Mn_{0.66}Nb_{0.33}O_2F$	405	317	3.4	研究中
	$Li_2Mn_{0.5}Ti_{0.5}O_2F$	461	321	3.4	研究中
スピネル型構造	$Li_{1.1}Al_{0.1}Mn_{1.8}O_4$	170	110	4.0	商業利用
オリビン型構造	Li_2CoPO_4F	287	230	4.8	研究中

※F（フッ素）含有正極材を含めた
「蓄電システム（Vol.6）」2019年2月、国立研究開発法人科学技術振興機構・低炭素社会戦略センターのデータを参考に作成

4-11 リチウムイオン電池の種類⑤ リチウムイオンポリマー二次電池

電解質を液体（電解液）ではなくゲル状の高分子（ポリマー）にしたことから、**リチウムイオンポリマー二次電池**、または**リチウムイオンポリマー電池**、**ポリマー二次電池**などと呼ばれています。外回りを金属缶ではなくアルミラミネートフィルムで包んだことにより、軽量で形状の自由度を備えた電池となっています（図 4-11-1）。ただし、電解質や外装材以外は基本的に他のリチウムイオン電池と変わりません。

●ポリマー二次電池の構造

ゲル状電解質は、リチウム塩に六フッ化リン酸リチウム（$LiPF_6$）やトリフルオロメタンスルホン酸リチウム（$LiCF_3SO_3$）など、有機溶媒にエチレンカーボネート（EC）とジメチルカーボネート（DMC）、または EC とエチルメチルカーボネート（EMC）の混合溶媒、そしてゲル状高分子にはポリエチレンオキシド（PEO）やポリフッ化ビニリデン（PVdF）などが用いられています。ゲル状とはいえ、イオン伝導率は液体電解質とほぼ同じです。なお、ゲル状電解質をくるむシートがセパレータとして機能します（図 4-11-2）。

一方、負極活物質の黒鉛や正極リチウム酸化物は、基本的にほかのリチウムイオン電池と同じものが使用されます。しかし、そのまま用いるのではなく、ゲル状高分子電解質と混合して固められます。これは電極内でのリチウムイオンの移動と導電性を高めるためです。

●ゲル状電解質の優位点

ポリマー二次電池の性能は、同じ電極材・電解質（液体）を用いているリチウムイオン電池とほぼ同等です。そのうえで、軽くてどのような形状の製品にも加工でき、折り曲げられるほどの柔軟性を持っていることが特徴です。

また、有機溶媒を使用しているので火災の危険性がないとはいえないものの、液体電解質のリチウムイオン電池よりは安全性が高いといえます。仮にショートしてガスが発生しても、ラミネートフィルムが膨らむだけで、破裂する危険性はありません。もちろん、そうなると、電池は使用できませんが。
　このように、液体電荷質のイオン電池より安全面ですぐれるポリマー二次電池は、スマートフォンやノートパソコン、各種ウェアラブル機器の電源として広く用いられています。ただ、製造コストがやや高いのが難点です。

図 4-11-1　ポリマー二次電池（シート形）の外観

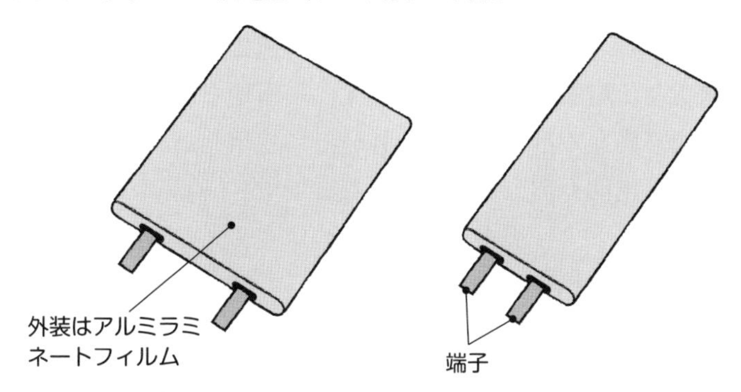

形状の自由度が大きく、折り曲げもある程度可能。ただし、製造コストがやや高い

図 4-11-2　ポリマー二次電池の構造

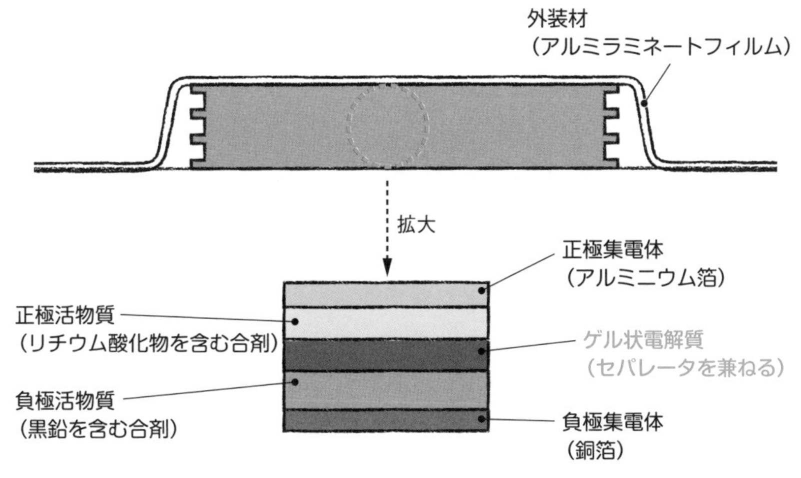

基本構造はリチウムイオン電池とほぼ同じ。ただし、セパレータはなく、ゲル状電解質をくるむシートがその役割をする

4-12 電池事故を防ぐ バッテリーマネージメント

リチウムイオン電池開発の歴史は、発火や破裂事故への対応が主軸の１つになってきました。事故には、機械的要因によるものと電気化学的要因によるものの２つがあります。そして、機械的要因には強い衝撃や落下、誤って傷つける、製品の不良などがあり、電気化学的要因には、過放電・過充電、長期保管、不適切な使用などが挙げられます。不適切な使用とは、たとえば新旧の電池や種類の異なる電池どうしを接続して使用したり、プラス極とマイナス極を逆にして電池を挿入したりするなどです。

しかし、そもそもリチウムイオン電池を含めほとんどの二次電池は、放電自体が発熱反応なので、熱による影響を受けることは避けられません。そのため、電池の温度管理や熱暴走の防止が非常に重要になります。ちなみに、ニカド電池やNAS電池の放電も発熱反応ですが、ニッケル水素電池では放電は吸熱反応で、充電が発熱反応です。

●バッテリーマネージメントシステム（BMS）

リチウムイオン電池は、反応性の高いリチウムを活物質に用い、引火性のある有機溶媒を電解質に使うなど、元来発火リスクが大きな電池です。また、デンドライトの発生可能性もゼロではありません。それらの危険性を克服するための改良や対策がとられたことで、今では安全な電池になっています。

一般に、リチウムイオン電池は熱暴走を防ぐなどのために保護回路を設けた電池パックとして使用されています。電池パックは、複数の電池（セル）をつないだ組電池と、過電流・過電圧保護、過充電・過放電保護、ショート防止、出力管理、温度管理などを担う**保護回路**や保護機能が内臓されています。

日産の電気自動車リーフには、４個のセルが詰められた電池パック48個、合計192個のリチウムイオンセルが搭載されています。それらの充電状態や温度などを高精度に検知し、全体として適切な安全制御を行うシステムを**バッテリーマネージメントシステム**（Battery Management System：**BMS**）といい、リーフの場合、２つのBMSで管理・制御しています。

BMSの主な目的をまとめると、❶電池の安全性の確保、❷電池性能の確保、❸電池寿命の確保の3つで、そのための制御を行っています。

図4-12-1にBMSの構成例を、図4-12-2にBMSの重要な機能の1つであるセルバランスについて紹介しています。

図4-12-1　BMSの構成例

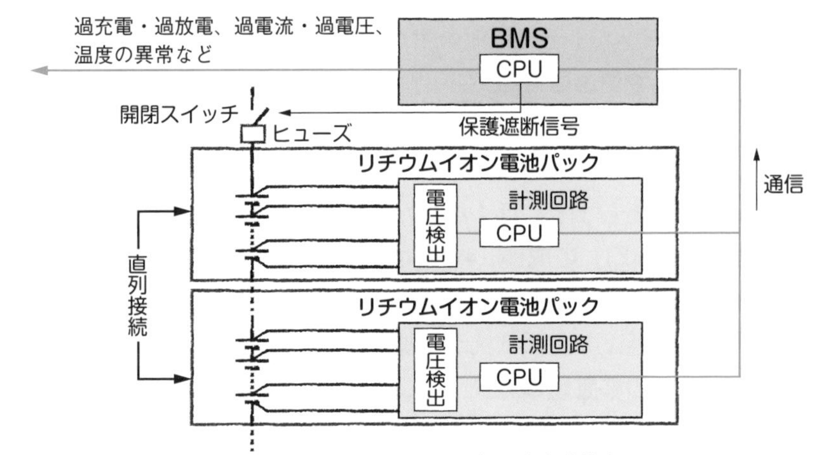

BMSは過充電・過放電、過電流・過電圧、温度の異常などの検知のほか、各セルの容量バランス（図4-12-2）を維持する機能がある

図4-12-2　BMSによるセルバランス

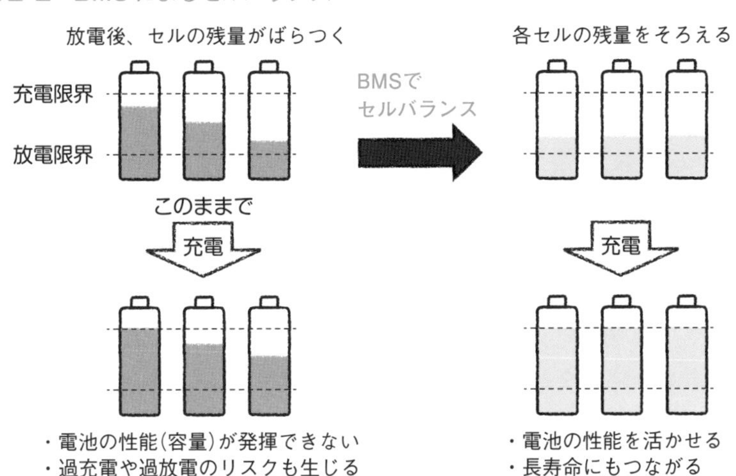

4-13 リチウムイオン電池の劣化とリサイクル

正常に使用していても、電池は経年劣化していき、サイクル寿命を迎えます。ここでいう劣化とは「自然に起こる充放電容量および電圧の低下」です(図 4-13-1)。リチウムイオン電池の主な劣化要因は以下の 4 つです。

①電極の変形と活物質のはく離

リチウムイオンの吸着・脱離のたびに、電極活物質の結晶構造は大なり小なり変形します。その変形がサイクル回数を重ねるうちに不可逆となり、ついには一部がはく離します。はく離した活物質は電池反応に関与しません。

②電極表面被膜(SEI)の成長 〈➡ p154〉

SEI は電池反応にプラスの効果もありますが、経年で厚みを増すと電極と電解質の密着性が低下し内部抵抗が増加します。また、電解液も減少します。

③リチウムイオンの移動量の減少

リチウムイオンが金属リチウムとして電極表面に析出し、それが増えると、電池反応の主体であるリチウムイオンが減少します。

④バッテリーマネージメントシステム(BMS)の劣化

BMS は回路とソフトウェアからなりますが、その精度が落ちてくると、セルバランスなどの機能が有効に働かず、電池の性能が低下します。

なお、こうした経年劣化に加えて、フル充電・フル放電状態での保存や、高温多湿環境での保管などは劣化を早めることになります。

●リチウムイオン電池のリサイクル

自治体の方針に従うことが大原則ですが、一般に電池の廃棄方法は種類によって 3 パターンに分かれます。ただし、どんな電池でも基本的には機器から取り外して電池回収ボックスや回収協力店に収めるのが最良の方法です。

❶乾電池やリチウム一次電池などは、一般不燃ゴミとして捨てられます。その際、必ず端子部分などをセロハンテープなどで絶縁します(図 4-13-2)。

❷ボタン形電池は不燃ゴミで廃棄できません。微量の水銀が使用されている製品があるため、銅などとともに回収されリサイクルされます(図 4-13-2)。

❸リチウムイオン電池やニカド電池、ニッケル水素電池などの小型二次電池は「資源有効利用促進法」によって回収・再資源化が義務づけられており、**スリーアローマーク**（リサイクルマーク）が印刷されています（図 4-13-3）。コバルトやニッケルなどの金属は回収され再利用されます（図 4-13-4）。

図 4-13-1　リチウムイオン電池の劣化による充放電電圧の変化例

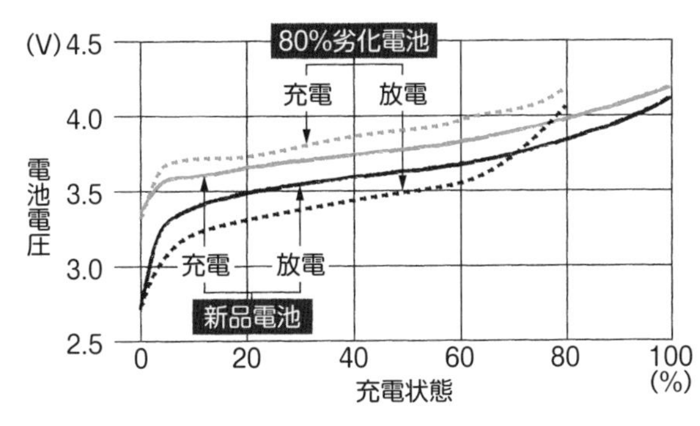

充電電圧曲線と放電電圧曲線の差は、エネルギー損失を表す。容量が80%に劣化した電池では充電電圧が上がり、放電電圧が下がって、エネルギー損失が拡大する

図 4-13-2　電池の廃棄のしかた

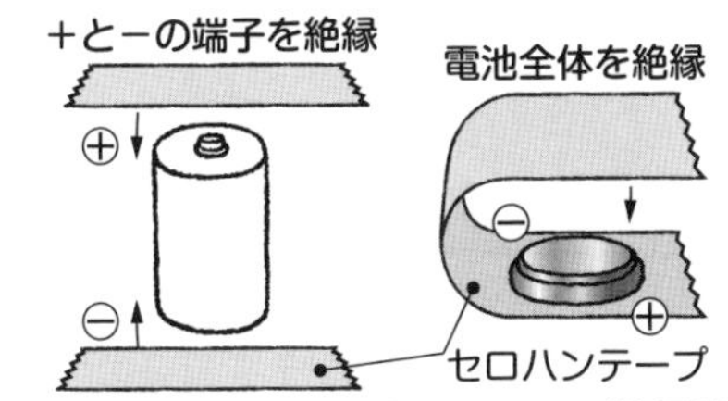

電池を不燃物として廃棄するとき（乾電池など）も、回収ボックスに収めるとき（ボタン形電池）も、図のようにテープで絶縁する

図 4-13-3　スリーアローマーク（リサイクルマーク）

リチウムイオン電池は、回収➡リサイクルが義務づけられている

図 4-13-4　リチウムイオン電池のリサイクルの流れ

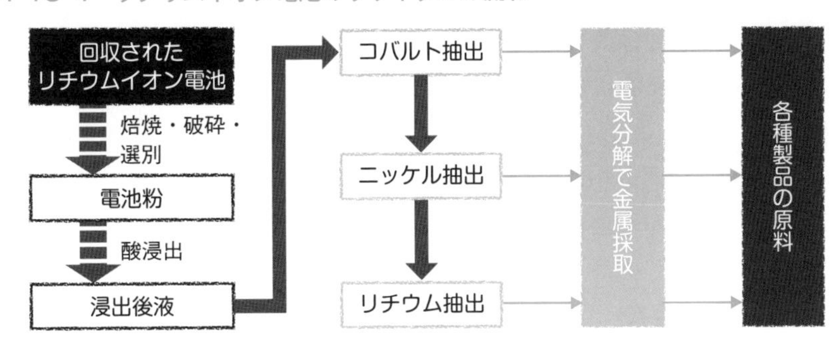

4-14 リチウム二次電池の種類①
二酸化マンガン・リチウム二次電池

極めて大容量である金属リチウム電池は、負極に用いる金属リチウムからデンドライトが発生するために、未だ実用化されていません。代わりに、リチウムイオン電池と、ここで紹介する**リチウム二次電池**が開発されました。

リチウム二次電池には、リチウムイオン電池と原理がほぼ同じものも含まれますが、リチウムイオン電池の定義（負極活物質が黒鉛などの炭素材料）〈➡ p140〉に当てはまらないため「リチウム二次電池」という名称にしています。

リチウム二次電池は、負極に金属リチウムではなく、リチウム合金を用いています。これはデンドライトが発生する場所をふさぐためであり、その分のエネルギー密度の低下を犠牲にしてでも、安全性を優先させたものです。

●二酸化マンガン・リチウム二次電池

リチウム二次電池として最初に実用化された電池です。リチウム・アルミニウム合金（LiAl）を負極活物質に用い、正極活物質に層状構造の二酸化マンガン、電解質に有機電解液を使っています（図4-14-1）。二酸化マンガン・リチウム一次電池〈➡ p138〉と同様、二次電池でも放電時に負極からリチウムイオンが溶出して正極へ向かい、二酸化マンガンに吸着（インターカレーション反応）します。二次電池ではそれが可逆的で、充電の際は放電時と逆の反応が起こります（図4-14-2）。

ただし、正極に使われている二酸化マンガンは充放電を繰り返すと劣化するので、二次電池では改質が施されたものが用いられています。

正負極と全体の反応は次のとおりです。

《負極》 $LiAl \rightleftarrows Al + Li^{+} + e^{-}$

《正極》 $MnO_2 + Li^{+} + e^{-} \rightleftarrows MnOOLi$

《反応全体》 $MnO_2 + LiAl \rightleftarrows MnOOLi + Al$

公称電圧は3Vで、サイクル寿命は約300〜500回（放電深度20％〈➡ p122〉）です。自己放電も年率2％以下と小さくカレンダー寿命が長くなっています。

OA 機器やパソコンなどのバックアップ電源、デジカメ、腕時計、各種メータなどの電源として用いられています。

なお、よく似た電池にマンガン・リチウム二次電池があります。負極にLiAl、正極にスピネル構造のマンガン酸リチウム（$LiMn_2O_4$）を用い、公称電圧は 3V です。

図 4-14-1　コイン形二酸化マンガン・リチウム二次電池の構造

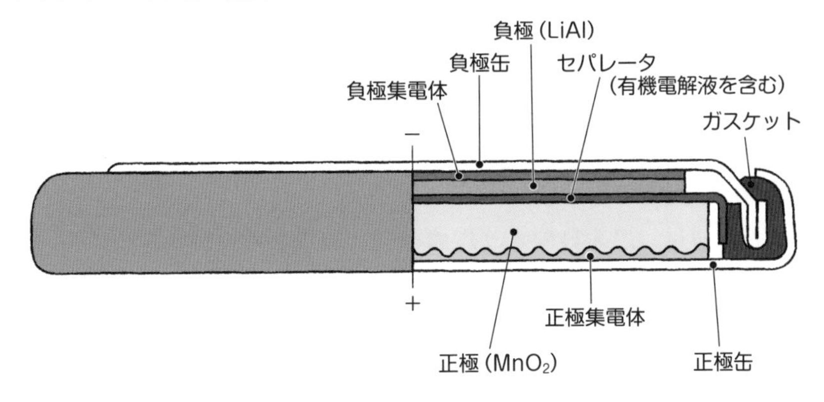

図 4-14-2　二酸化マンガン・リチウム二次電池の原理

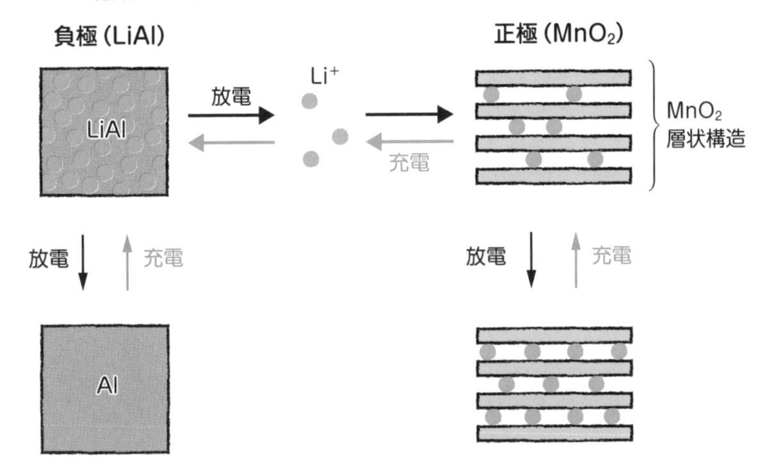

放電時、負極（LiAl）から溶出したリチウムイオンが正極の二酸化マンガン（MnO_2）の層間にインターカレートされる。この反応は可逆的で、充電時には逆の反応が起こる

4-15 リチウム二次電池の種類②
チタン酸系リチウム二次電池

負極に**チタン酸系リチウム**（**LTO** と略す）を用いた二次電池の中で最も普及しているのは、2008 年に東芝が商品化した **SCiB** です。SCiB は「Super Charge ion Battery」のイニシャルを取った登録商標です。名称に「ion Battery」とあるように、充放電の原理はリチウムイオン電池とまったく同じ、リチウムイオンの電極への吸着・脱離です。正極はマンガン酸リチウム（$LiMn_2O_4$）で、両方ともスピネル型構造を有します。

LTO 系二次電池における負極の放電と充電は次の反応式で表されます。

《負極》 $Li_7Ti_5O_{12} \rightleftarrows Li_4Ti_5O_{12} + 3Li^+ + 3e^-$

LTO の短所は、黒鉛負極より理論容量とエネルギー密度が小さく、平均電圧も 2.4V と低いことです。しかしその反面、リチウムイオンの吸着・脱離に伴う体積変化がおよそ 50 分の 1 ほども小さいというすぐれた特長があり、黒鉛負極の約 6 倍も長寿命です。

さらに、金属リチウムの析出がほとんどないことも非常に大きな利点です。黒鉛負極のリチウムイオン電池でもデンドライトの発生は抑えられているものの、低温環境で充電したり、急速充電で大電流を流したりすると生じる可能性があります。その心配がほぼないLTOは急速充電が可能で、デンドライトの防御役のセパレータを薄くでき、電池の小型軽量化も容易です。

そして、仮にデンドライトが発生して正極と接触したとしても、内部短絡電流はほとんど流れません。というのは、LTO は充電状態（$Li_7Ti_5O_{12}$）では高導電性ですが、放電時には低導電体（$Li_4Ti_5O_{12}$）に相転移するからです（図 4-15-1、4-15-2）。

このように、黒鉛負極のリチウムイオン電池に比べてLTO負極を用いたSCiB は、高い安全性と信頼性を獲得し、低温環境での作動や急速充電も可能なことで、電気自動車や大規模蓄電システムに広く採用されています。

●チタン酸リチウムを負極に用いた電池

SCiB 以外にも負極活物質にLTOを用いた二次電池があり、たとえばコバルト酸リチウムを正極活物質にしたコバルト・チタン・リチウム二次電池が販売されています。メーカーによって性能が異なりますが、平均電圧が3V、使用温度が－40～85℃、室温で10年保管しても95％の容量を保持する製品もあります。また、リン酸鉄リチウム、三元系材料、リチウム・ニッケル・マンガン酸化物などを正極に用いた二次電池もあります。

図 4-15-1　短絡による電圧の低下

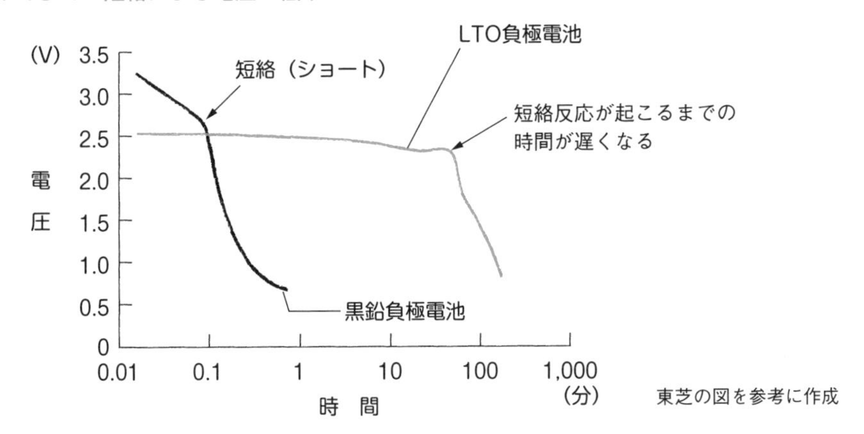

図 4-15-2　LTO の相転移

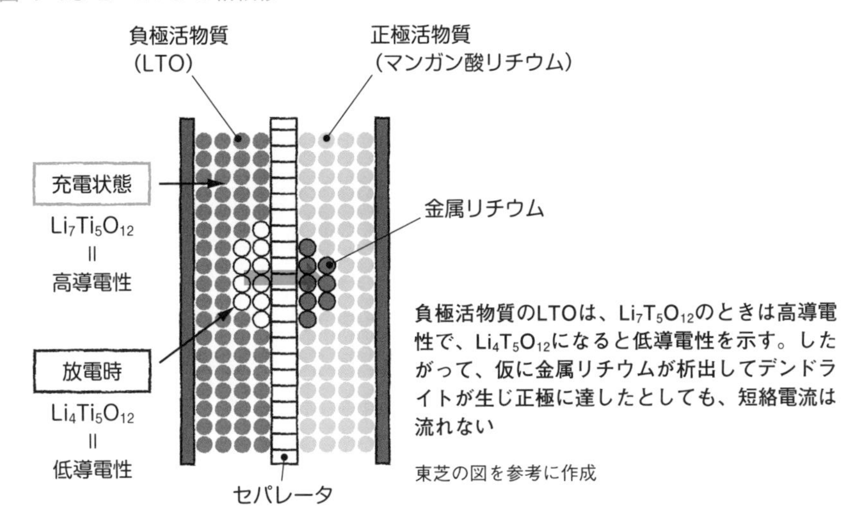

4-16 リチウム二次電池の種類③ バナジウム系、ニオブ系リチウム二次電池

バナジウム・リチウム二次電池は、正極活物質に五酸化バナジウム（V_2O_5）、負極活物質にリチウム・アルミニウム合金（LiAl）を用いたコイン形の二次電池です。V_2O_5 は層状構造を持ち、リチウムイオンを吸着・脱離できます。このことは古くから知られ、V_2O_5 を使用したリチウム一次電池が先に開発されました。

正極での化学反応は次のとおりです。

《正極》 $V_2O_5 + xLi^+ + xe^- \rightleftarrows LixV_2O_5$

公称電圧は3V です。V_2O_5 の導電性は低く、充放電に時間がかかる欠点があります。しかし、リチウムイオンが挿入されると、価数（$V5^+$）が小さくなり、それに伴って導電性が向上します。

自己放電率が室温で年２％とすぐれているため、火災報知器などの電源として使われているほか、AV 機器や通信機器、医療機器などのメモリーバックアップ電源にも使用されています。

●ニオブ・リチウム二次電池

ニオブはバナジウムと同じ第５族元素に属する遷移金属です、原子番号はバナジウムが23なのに対してニオブは41です。第5族元素には共通して、融点・沸点が高く、耐食性にすぐれるという特徴があります。

ニオブ・リチウム二次電池は、正極活物質に五酸化ニオブ（Nb_2O_5）、負極活物質にリチウム・アルミニウム合金（LiAl）を用いたコイン形の二次電池です（図 4-16-1）。Nb_2O_5 もリチウムイオンを吸着・脱離できます。公称電圧は2V で、バナジウム・リチウム電池より 1V 低いものの、自己放電率は同等で、液漏れしにくいなどの利点があり、スマートフォンの電源、各種電子機器の補助電源やメモリーバックアップ電源として使用されています。

ニオブ系リチウム二次電池では Nb_2O_5 を正極活物質ではなく、負極活物質に用いた電池もあります。たとえば、負極に Nb_2O_5、正極活物質にコバルト酸リチウム（$LiCoO_2$）を採用した二次電池があります。また、Nb_2O_5 を負極

活物質に、正極活物質にV_2O_5を用いたバナジウム・ニオブ・リチウム二次電池も1990年に開発されています。

なお、表4-16-1にここまで紹介した主なリチウム二次電池の性能の一部をまとめました。

図4-16-1　コイン形ニオブ・リチウム二次電池の構造

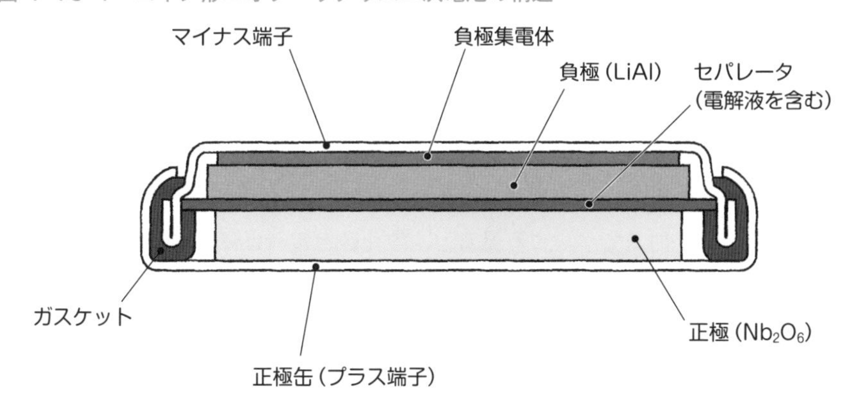

表4-16-1　主なリチウム二次電池

電池名	負極活物質	正極活物質	公称電圧（V）	使用温度	サイクル寿命（回）
二酸化マンガン・リチウム二次電池	リチウム・アルミニウム合金 LiAl	二酸化マンガン MnO_2	3.0	−20～60℃	300～500（深度20％）
マンガン・リチウム二次電池	リチウム・アルミニウム合金 LiAl	マンガン酸リチウム $LiMn_2O_4$	3.0	−20～60℃	300～500（深度20％）
チタン酸リチウム二次電池（SCiB）	チタン酸リチウム $Li_4Ti_5O_{12}$	マンガン酸リチウム $LiMn_2O_4$	2.4	−30～60℃	15000（深度80％）
コバルト・チタン・リチウム二次電池	チタン酸リチウム $Li_4Ti_5O_{12}$	コバルト酸リチウム $LiCoO_2$	3.0	−40～85℃	1000（深度20％）
バナジウム・リチウム二次電池	リチウム・アルミニウム合金 LiAl	五酸化バナジウム V_2O_5	3.0	−20～60℃	40～60（深度100％）
ニオブ・リチウム二次電池	リチウム・アルミニウム合金 LiAl	五酸化ニオブ Nb_2O_5	2.0	−20～60℃	300（深度20％）

酸化数と電荷

電池反応は酸化還元反応なので、負極や正極において何が酸化されて、何が還元されたのかを知ることは重要です。そのときに頼りになるのが酸化数です。**酸化数**とは酸化の程度を表す数値で、酸化数の増減で酸化されたか、還元されたかを判断できます。なお、還元数というものはありません。

では、具体的に酸化数とはどういうものかというと、原子や分子が電気的に中性であれば酸化数は0、酸化されて電子を1個放出した原子・分子の酸化数は+1、2個放出したら+2となります。逆に、還元されて電子を1個受け取った原子・分子は−1……という具合です。

金属など原子単体や、水素気体のように単体の原子が結合したものは、酸化数が0です。また、化合物も電気的に中性ならば全体として0、イオンはその電荷の数と同じです。こう見ると、酸化数と電荷はほぼ同じで、どちらも電気的中性状態からの電子の増減数を表したものです。違いは、電荷はイオンや分子全体を対象にしているのに対して、酸化数はイオンや分子全体に加えて、それを構成している各原子も対象にしているということです。

硫酸銅（$CuSO_4$）を例にとると、全体として電気的に中性なので酸化数は0、SO_4は2価の陰イオンになるので酸化数は−2、したがってCuの酸化数は、0−(−2) = +2になります。この酸化数が化学反応の前後で増えていればCuは酸化されたことになり、減っていれば還元されたことになります。

化合物中の原子の酸化数には次の5つの原則があり、これを使って化学反応式の各反応物の酸化数を求めます。①水素Hは+1、②酸素Oは−2、③アルカリ金属は+1、④2族元素は+2、⑤ハロゲンは−1です。

電池反応式を酸化数で理解する

ニカド電池の放電反応〈➡ p84〉を酸化数で見てみましょう。

全体の酸化数→ 0　　0　　0　　0　　0

《反応全体》 $Cd + 2NiOOH + 2H_2O \rightarrow Cd(OH)_2 + 2Ni(OH)_2$

原子等の酸化数→ [0]　[+3] −2 −1　+1×2 −2　[+2] −1×2　[+2] −1×2

したがって、Cdは酸化数が0→+2となり、2増えたので酸化され、Niは酸化数が+3→+2となり、1減ったので還元されたことがわかります。

第5章

次世代二次電池の有力候補

二次電池の高性能化に対する産業界の要求は高まるばかりです。
もっと出力が高く、もっと容量が大きく、もっと安全な電池を！
しかし、リチウムイオン電池の性能は
理論的な限界に近づいているという指摘があり、
新しい二次電池の開発競争が世界中で激化しています。
ポスト・リチウムイオン電池は何か、
その有力候補の数々を紹介します。

5-1 次世代二次電池の先頭を走る全固体電池

今、次世代二次電池の研究開発が戦国時代を迎えています。それは、現行二次電池の王者**リチウムイオン電池**（以後、**LIB**（＝Lithium Ion Battery）と表記）の性能が、理論的な限界に近づいてきたからです。にもかかわらず、産業界が電池に求める性能はますます高くなるばかりです。

たとえば、電気自動車（EV）が1回の充電で走れる距離は、LIBでは350kmに達しています。しかし、1回の給油で500km走るガソリンエンジン車にはまだ及びません。EVがガソリンエンジン車に走行距離で並び、追い抜くためには、LIBを超える新しい高性能な二次電池が必要なのです。

●ポストLIBのトップ5

次世代二次電池の研究では非常に多くの可能性が試されており、候補電池の種類は多岐にわたります。目指す性能アップを、EVを例にとって図5-1-1に示しました。なお、各項目の研究対象は、主として電解質、正極材、負極材の3つに分かれます。

現在研究開発中の次世代二次電池の中から有望視されているトップ5をあえて選ぶとすれば、①全固体電池、②リチウム硫黄電池、③金属空気電池、④ナトリウムイオン電池、⑤多価イオン電池、となります。ほかにもキラリと光る電池があり、どれが次の覇権を握るかは予断を許しません。

●全固体電池とは固体電解質を用いた二次電池

全固体電池とは、電池を構成するすべての部材が固体である電池のことをいいます。とはいえ、一般に電池材料の中で液体なのは電解液だけなので、「**固体電解質**を用いた二次電池＝全固体電池」ということになります。

実をいえば、これまでも実用化された固体電解質の電池はあります。NAS電池（ナトリウム硫黄電池➡p96）の電解質は、ファインセラミックスです。しかし、電極活物質が液体なので全固体電池ではありません。

過去に唯一商品化された全固体電池は**ヨウ素リチウム電池**です。負極に金属リチウム、正極にヨウ素が用いられているものの、もともと電解液とセパレータがありません。というのも、リチウムとヨウ素が出会うと反応してヨウ化リチウム（固体）ができ、これが電解液とセパレータの役目をするからです。固体電解質ゆえに安全性が高く、心臓ペースメーカーの電源に広く用いられてきました。ただし、ヨウ素リチウム電池は一次電池です。

図 5-1-1　次世代二次電池の開発コンセプト（EV 搭載を例として）

もっと大きな容量を！

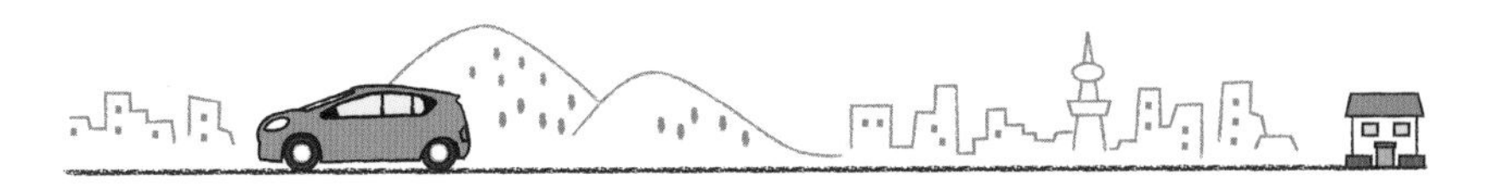

1回の充電で長距離を走れる

もっと充電を速く！

LIBの数分の1から10分の1の短時間で急速充電できる

もっと放電も速く！

瞬発力が大きく、加速性能にすぐれる

もっと安全に！

火災リスクを減らすなど、より安全に使用できる

もっと長寿命に！

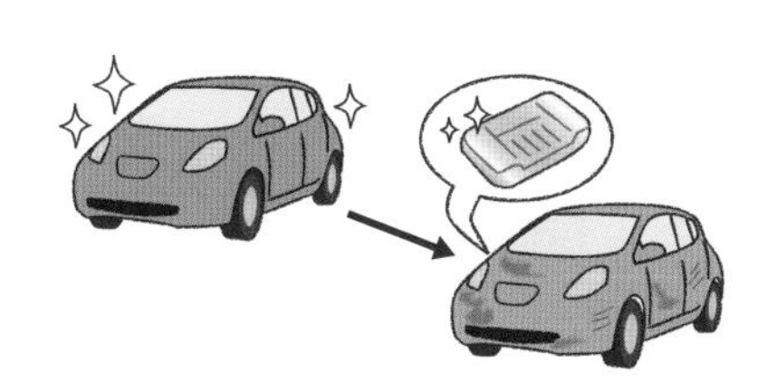

サイクル寿命・カレンダー寿命が長く、耐久性も高い

●全固体電池の種類

全固体電池は、電解質を固体にしたものであり、電極材料は基本的に従来電池と同じなので、電池反応も同じです。電解質が固体ならば、充放電はイオンの脱離・吸着で行われるイオン電池の一種です。そして、その伝導イオンの候補として、ナトリウムイオン、カリウムイオン、銀イオンなどさまざまなイオンが探索されていますが、主流はやはりリチウムイオンです。

全固体リチウムイオン電池（以後、**全固体LIB**と表記）では、固体電解質に無機物質が用いられるため、可燃性の有機溶媒を使うLIBより安全性が高まります。ただし、その材料には酸化物系、硫化物系、窒化物系があり、それぞれ一長一短があります。中でも主流と見なされている硫化物系は最も導電性にすぐれています。しかし、比較的発火しやすく、水に弱いという弱点があるので、酸化物系の開発に軸足を置くメーカーもあります。

一方、活物質の形状には薄膜型とバルク型があります（図5–1–2)。薄膜型のほうが抵抗が小さくなる反面、容量が小さくなるので、容量を増やすためには薄膜の積層化や大面積化が必要になります。薄膜型は製造しやすいため、すでに商品化されている製品もあります。それに対して、バルク型は電極を厚くすることができ、そのぶん容量を増大できます。課題は抵抗の低減です。なお、バルク（bulk）とは「大きな塊」という意味です。

●全固体LIBの長所と短所

かつては固体電解質は電解液に比べてイオン伝導性が低く、高性能な電池は難しいと思われていました。しかし、イオン伝導性が高い硫化物固体電解質が見つかり、さらに伝導率が有機電解液を大幅に上回る新しい**ガラスセラミック**材料が発見され、全固体LIBの研究開発がにわかに加速しました。

ガラスセラミックとは、本来結晶構造を持たない（＝非晶質）ガラスの中に、微細な結晶を析出させた材料をいいます。電解液を上回るイオン伝導性を持つことから**超イオン伝導体**とも呼ばれています（表5–1–1)。

全固体LIBは、高い安全性、耐熱性、低温から高温までの広い使用温度、長寿命、軽量・小型化が容易、大規模組電池も構成可能、急速充電が可能など多岐にわたる能力を持ち、ほぼすべての点においてLIBを上回ると予想されており、小型電子機器や電気自動車、人工衛星の電源などあらゆる用途が考えられています。短所としては内部抵抗が挙げられていますが、その改善のために多方面からの研究開発も進んでいます。

図 5-1-2　全固体電池の種類と構造

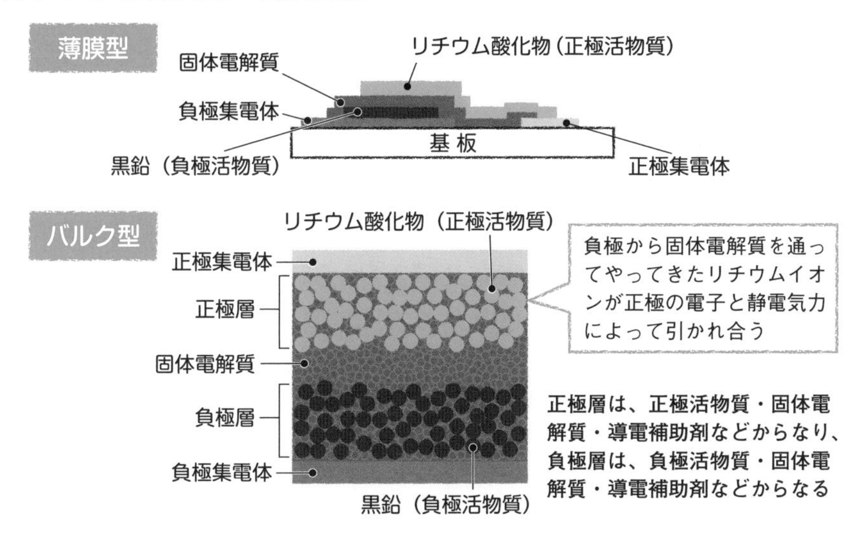

表 5-1-1　リチウム系固体電解質のイオン伝導率（室温）

イオン伝導性材料			イオン伝導率 (S/cm)	電解液 LIB との伝導率の比較
分類	構造	組成		
酸化物系	結晶質	$Li_{1.3}Al_{0.3}Ti_{1.7}(PO_4)_3$	7.0×10^{-4}	14 分の 1
		$La_{0.51}Li_{0.34}TiO_{2.94}$	1.4×10^{-3}	7 分の 1
		$Li_7La_3Zr_2O_{12}$	5.1×10^{-4}	20 分の 1
	ガラス質（非晶質）	$Li_{2.9}PO_{3.3}N_{0.46}$	3.3×10^{-6}	3000 分の 1
硫化物系	結晶質	$Li_{10}GeP_2S_{12}$	1.2×10^{-2}	1.2 倍
		$Li_{3.25}Ge_{0.25}P_{0.75}S_4$	2.2×10^{-3}	5 分の 1
		Li_6PS_5Cl	1.3×10^{-3}	8 分の 1
	ガラス質（非晶質）	$70Li_2S\text{-}30P_2S_5$	1.6×10^{-4}	63 分の 1
	ガラスセラミック	$Li_7P_3S_{11}$	1.7×10^{-2}	1.7 倍
その他	結晶質	$Li_2B_{12}H_{12}$	2.0×10^{-5}	500 分の 1
		$Li_3OCl_{0.5}Br_{0.5}$	1.9×10^{-3}	5 分の 1

※イオン伝導率の「S」は「ジーメンス」。電気抵抗Ωの逆数で、電流の流れやすさを表す
※電解液 LIB との伝導率の比較では、電解液を用いた一般的な LIB の値を 1.0×10^{-2} とした
『全固体電池入門』高田和典編著他、日刊工業新聞社刊（2019 年）のデータを参考に作成

5-2 リチウム硫黄電池は夢の金属リチウム二次電池

リチウムイオン電池（LIB）の数倍も大容量の電池になることがわかっている金属リチウム二次電池は、充電時にデンドライト〈➡ p124〉が発生することからこれまで製品化できず、代わりにLIBやリチウム二次電池が作られてきました。

しかし、金属リチウム二次電池の実用化をあきらめない世界中の研究者たちが開発を続けているのが、負極に金属リチウム、正極に硫黄化合物を用いた**リチウム硫黄電池**です。作動電圧は約2VとLIBより小さい反面、硫黄の理論容量（1675mAh/g）は、LIBで主流の正極活物質・コバルト酸リチウムの理論容量（274mAh/g）の6倍以上もあります。

●デンドライト以外にもある大きな課題

リチウム硫黄電池の実用化に当たって、最大の課題の1つはデンドライトの抑制ですが、それ以外にも放電時にできる中間生成物が電解液に溶出して、電池を劣化させる問題があります。放電時、正極では硫黄がリチウムイオンによって還元されますが、反応の途中で生じる中間生成物の多硫化リチウムが容易に有機電解液に溶出してしまうのです。溶けた多硫化物イオンが拡散すると、負極で金属リチウムに酸化されて、一部が金属リチウムを被覆し、また一部は正極に戻って還元ではなく酸化反応を引き起こします。それが、電極の容量減少や充放電効率の低下を招くのです。

こうした問題を解決するために、電解質については、新しい無機電解液の開発やイオン液体の利用、固体電解質の導入などが進められています。またセパレータに関しても、デンドライトをブロックしたり、イオンをふるいにかけて多硫化リチウムイオンを通さない材料の開発などが行われています。

なお、下記はリチウム硫黄電池の電池反応の一例です（図5-2-1）。

《負極》 $Li \rightleftarrows Li^{+} + e^{-}$

《正極》 $S_8 + 16Li^{+} + 16e^{-} \rightleftarrows 8Li_2S$

《反応全体》 $S_8 + 16Li \rightleftarrows 8Li_2S$

リチウム硫黄電池の利点は、大容量であること以外にも多々あり、中でも材料の硫黄が破格に安いため、大型化ができます。また、LIBの電極で使用される金属に比べて軽いので、同じ重量で比べると5〜10倍のリチウムを蓄えられます。実用化されれば、電気自動車やドローンの電源として、あるいは家庭用蓄電システムなどに利用されることが見込まれています。

図 5-2-1　リチウム硫黄電池の充放電の原理

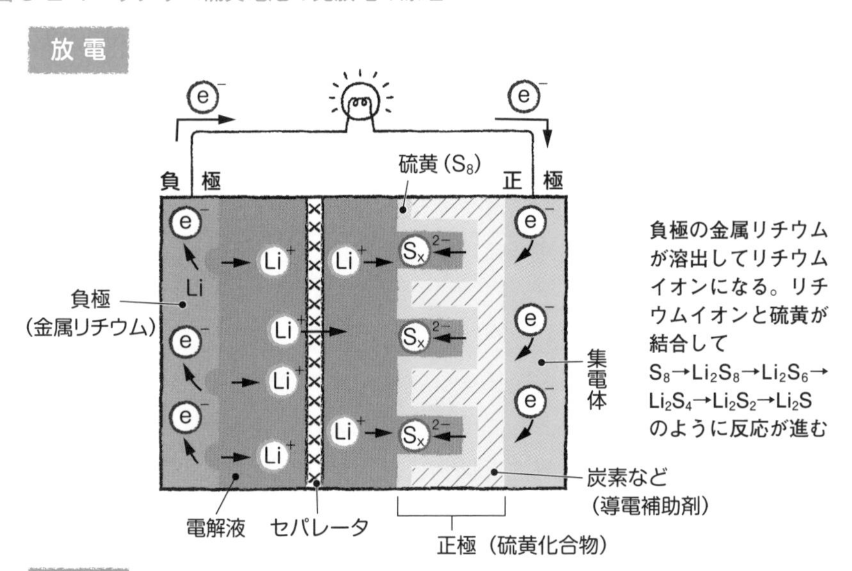

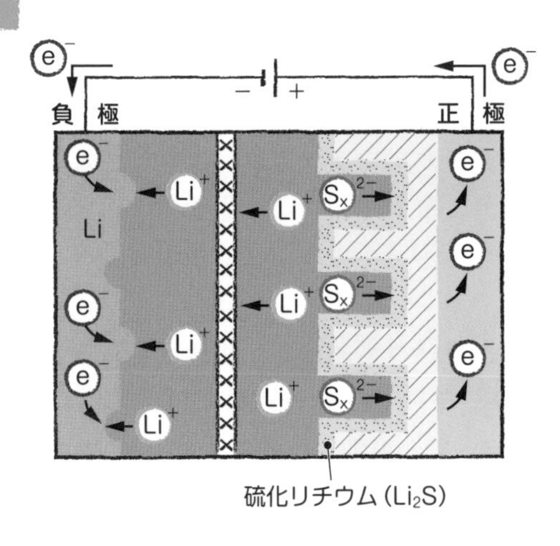

硫化リチウム(Li_2S)からリチウムイオンが抜けて負極に戻る

5-3 リチウム空気二次電池

金属空気電池は、一次電池として長い歴史を持っています。そもそもは、乾電池に必要な二酸化マンガンが第一次世界大戦で不足したために、1907年にフランスで**亜鉛空気一次電池**が考案され、鉄道信号や通信用などの電源として大型電池が作られました。今はボタン電池が主流で、補聴器の電源などに使用されています。

金属空気一次電池の負極材料には、亜鉛のほかにカルシウムやマグネシウム、アルミニウム、ナトリウム、そしてリチウムなど、種々の金属が利用可能です。正極活物質に空気中の酸素を用いますが、酸素を通すだけでは反応が起こりにくいため、酸素還元反応触媒を使用します。

●究極の二次電池と呼ばれるリチウム空気二次電池

一電池としての実績がある金属空気電池を充電可能にしたのが**金属空気二次電池**です。外部から燃料として酸素を取り入れて発電するので、燃料電池の一種ともいえます。一次電池と同様、負極材料にはさまざまな金属の採用が考えられていますが、中でも金属リチウムを負極に用いた**リチウム空気二次電池**は、あらゆる二次電池の中でも最高のエネルギー密度を誇ることから**究極の二次電池**とも称されています（表5-3-1）。

リチウム空気二次電池は、負極活物質に金属リチウムを用い、正極（**空気極**という）にはカーボンナノチューブやカーボンブラック（炭素微粒子）などの多孔質炭素材料が有望視されています（図5-3-1）。触媒については多方面にわたって探索されており、触媒を用いない正極材も追究されています。また、リチウム塩を溶かした電解液を染みこませたセパレータを正負極間に設置します。

放電時、負極から溶出したリチウムイオンが正極（空気極）で酸素と反応して過酸化リチウム（Li_2O_2）を生成し、充電時には逆の反応が起こります（図5-3-2）。平均電圧は約3Vで、電池反応式で表すと次のようになります。

《負極》 $Li \rightleftarrows Li^+ + e^-$

《正極》$2Li^{+} + 2e^{-} + O_2 \rightleftarrows Li_2O_2$

《反応全体》$2Li + O_2 \rightleftarrows Li_2O_2$

一方、負極材に亜鉛やアルミニウムを用いた**亜鉛空気二次電池**、**アルミニウム空気二次電池**の開発も活発に進められています。亜鉛は一次電池で実績があり、両金属とも安価であることが利点です。

表 5-3-1　金属空気二次電池の負極金属候補

負極金属	元素記号	電気容量 (Ah/g)	電圧 (V)	重量エネルギー密度 (Wh/g)
リチウム	Li	3.86	3.4	13.2
アルミニウム	Al	2.98	2.1	6.1
マグネシウム	Mg	2.20	2.8	6.1
カルシウム	Ca	1.34	3.3	4.4
ナトリウム	Na	1.17	3.1	3.6
亜鉛	Zn	0.82	1.2	1.0

「自然エネルギー利用拡大のための大型蓄電池開発」石井陽祐、川崎晋司著　日本 AEM 学会誌 Vol.24 No.4 を参考に作成

図 5-3-1　リチウム空気二次電池の構造（概念図）

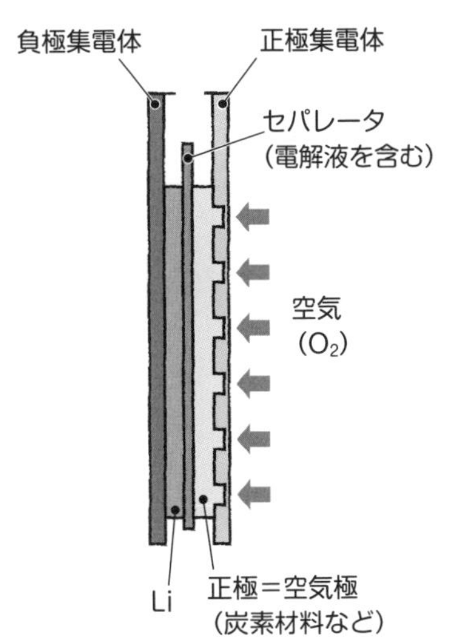

図 5-3-2　リチウム空気二次電池の原理

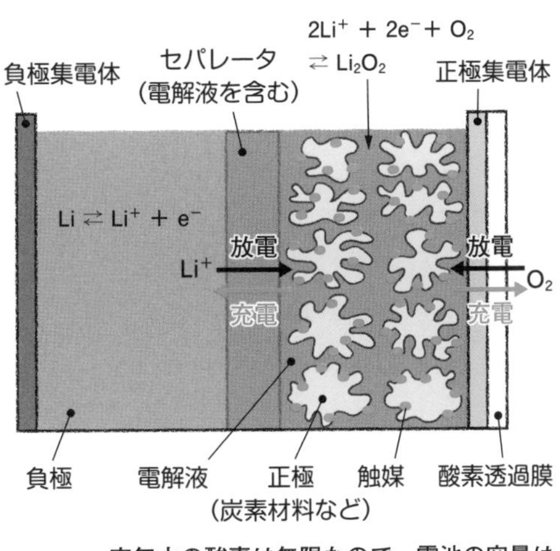

空気中の酸素は無限なので、電池の容量はLiの量で決まる

トヨタの図を参考に作成

5-4 ナトリウムイオン電池

ナトリウムイオン電池は、レアメタルで高価なリチウムを使わず、リチウムイオン電池（LIB）と同じ原理で充放電する二次電池です。レアメタルに対して**コモンメタル**（汎用金属）と呼ばれるナトリウムは安価で、海や陸に無尽蔵にあります。現在、全固体電池と並んで最も実用化に近づいている次世代電池の1つであり、LIBと比べて、重量エネルギー密度はまだ届かないものの、サイクル寿命はすでに上回っています（表5-4-1）。

●ナトリウムイオン電池の原理

周期表で上下に隣り合うナトリウムとリチウムはともにアルカリ金属に属する、性質が似た元素です。ナトリウムイオン電池の作動原理もLIBと同じインターカレーションとデインターカレーションによる酸化還元反応です（図5-4-1）。ただし、ナトリウムイオンの体積はリチウムイオンの約2倍と大きいため、LIBの正極材のLiをNaに置き換えただけの材料は使えず、新しい正極材を探す必要があります。現時点では、$Na_2Mn_3O_7$や$Na_2Mg_{0.28}RuO_3$などの**酸素レドックス材料**が注目されています。レドックスとは酸化還元を表す語〈➡p100〉で、酸素レドックスとは固体内に含まれる酸素が直接酸化還元反応に関わることをいいます。

負極材に関してもLIBで広く用いられている黒鉛は適さず、**ハードカーボン**が有力視されています。ハードカーボンは、樹脂やその組成物を炭化させて得られる、別名「難黒鉛化性カーボン」と呼ばれるように高熱処理しても黒鉛になりにくい炭素材料です。また、炭素材料以外では$Na_2Ti_3O_7$や$Na_3Ti_2(PO_4)_3$などがインターカレーション用材料として報告されています。

$Na_2Ti_3O_7$を用いたナトリウムイオン電池の反応式は次のとおりです。

《反応全体》$Na_2Ti_3O_7 + 2Na^+ + 2e^- \rightleftarrows Na_4Ti_3O_7$

●カリウムイオン電池も次世代電池の有力候補に

LiやNaと同じアルカリ金属であるカリウム（K）を負極に用いたカリウ

ムイオン電池もインターカレーションを作動原理とする二次電池です。最近まで、Naよりも重いKは電池に不向きだと考えられていましたが、正極にプルシアンブルーと呼ばれる鉄を含む顔料を採用し、電解液にカリウムイオン濃度を高めた**濃厚電解液**を用いた試作品は、すでにLIBと同等以上の性能を発揮しています。カリウムも安価で資源量が豊富なことが利点です。

表5-4-1　主要次世代電池の性能（予測を含む）

二次電池	電圧 (V)	重量エネルギー密度 (Wh/kg)	サイクル寿命 (回)
リチウムイオン電池 (参考)	3.2〜3.7	90〜260	300〜2000
全固体電池	—	300〜900	800〜2000
リチウム硫黄電池	1.9〜2.1	300〜700	100〜400
リチウム空気電池	3.0	500〜1000	20〜50
ナトリウムイオン電池	3.0	100〜180	800〜3500
カリウムイオン電池	4.0	200〜	400〜

図5-4-1　ナトリウムイオン電池の充放電の原理

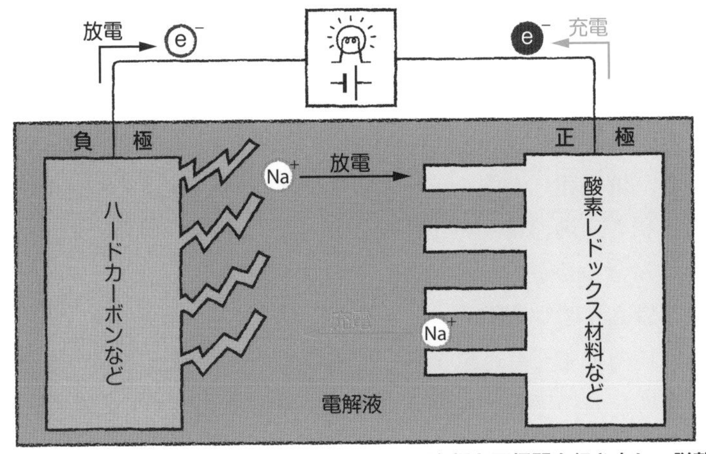

リチウムイオン電池と同様に、ナトリウムイオンが負極と正極間を行き来し、脱離・吸着を繰り返すことで充放電のサイクルが進む

5-5 多価イオン電池

リチウムイオン電池（LIB）をはじめ、ナトリウムイオン電池やカリウムイオン電池は、どれも1価のイオン（Li^{+}、Na^{+}、K^{+}）が電荷を運びます。1個のイオンがプラス1の電荷を運ぶのですが、マグネシウムイオン（Mg^{2+}）やアルミニウムイオン（Al^{3+}）、カルシウムイオン（Ca^{2+}）などの多価イオンは、1個のイオンがプラス2以上の電荷を運びます。つまり、**多価イオン電池**はLIBなどより2倍、3倍大容量の二次電池になる可能性があるのです。

ほかにも、安全性が高く、体積エネルギー密度が大きいなどの共通した長所があり、資源量が豊富でLIBより製造コストが安いことも大きな利点です。

その反面、作動電圧が劣り、多価ゆえに電解液中や電極中でのイオンの移動速度が遅く、瞬発力がないという欠点があります（図5-5-1）。また、金属負極にした場合、1価のイオン電池よりはデンドライト〈➡ p124〉が発生しにくいとはいえ、電池によってはその危険性が残ります。現状では、より安全で、より性能を高められる電解液や電極材の探索が続いています。

●多価イオン電池の主な種類

①マグネシウムイオン電池

研究例が多い、多価イオン電池の代表格です。理論的には最大で重量エネルギー密度が約2000Wh/kg、体積エネルギー密度が約6000Wh/L、電圧が約4Vと、LIBをはるかにしのぐ性能を持っています。しかし、Mg^{2+}は溶媒との結びつき（溶媒和）が強く、炭素負極でインターカレートできないため、負極では金属Mgの溶解・析出反応、正極ではMg^{2+}のインターカレーション反応の組み合わせが主に研究されています（図5-5-2）。

②アルミニウムイオン電池

急速充電能力にすぐれ、釘を刺しても発火しないほどの高い安全性はLIBを凌駕します。金属アルミニウムは体積容量密度が極めて大きく、リチウムの約4倍もありますが、電圧が約2.1Vと低く、出力面で劣ることが課題です。LIBと同様に正・負極ともインターカレーション反応によって充放電します。

③カルシウムイオン電池

負極に金属カルシウム、正極にカリウムイオン電池でも採用されているプルシアンブルーやその類似体を用いた電極を使用し、溶解・析出反応とインターカレーション反応の組み合わせで充放電する方式が有望です。Liに匹敵する高い作動電圧が見込まれることに加えて、CaはLiやNaはもとより、Mg、Alに比べても融点が高く、高温環境での安全性も高いといえます。

図 5-5-1　次世代二次電池の性能マップ

NEDO「二次電池技術開発ロードマップ 2013」を参考に作成

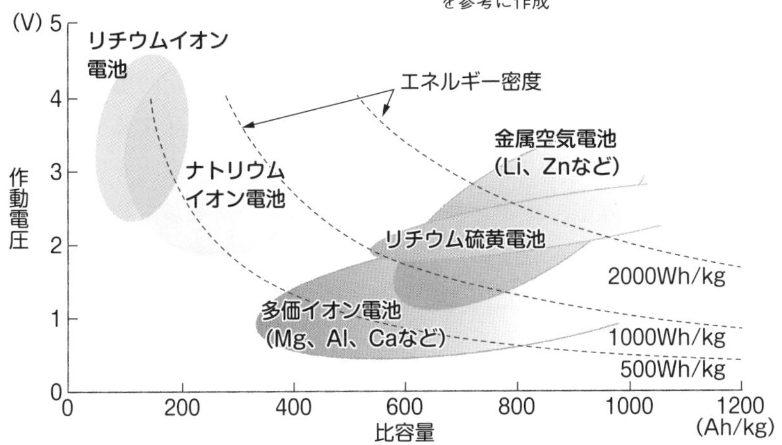

図中の次世代電池の中には一部メーカーがすでに商品化したものもあるが、まだ普及するには至っていない

図 5-5-2　マグネシウムイオン電池の原理

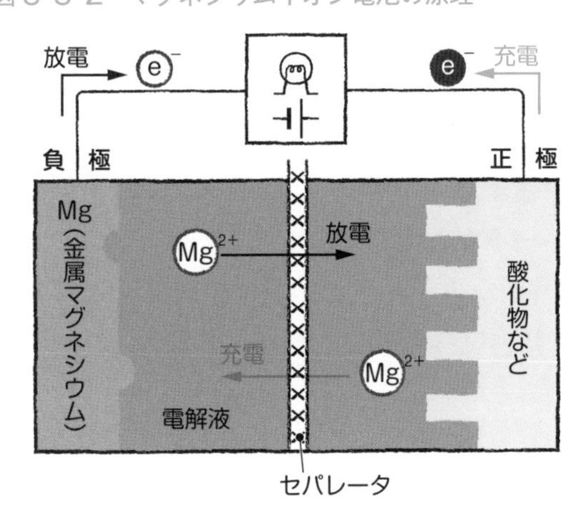

負極では金属マグネシウムの溶解・析出反応が起こるため、「イオン電池」とは呼ばないほうがよいともいえる。カルシウムイオン電池も同様である

5-6 有機ラジカル電池

有機ラジカル電池は、プラスチックを電極に用いた二次電池です。2012年にNEC（日本電気）が開発に成功しましたが、まだ量産には至っていません。

ラジカルとは、**不対電子**を持つ原子や分子をいいます。通常、原子の電子軌道には電子が2つずつペアになっていますが、1つだけの状態の電子もあり、これを不対電子といいます。これを持つ有機物が**有機ラジカル**です。

ラジカルは反応性が高く、ふつうは化学反応の途中で一時的に発生する不安定なものとはいえ、条件によっては長期間安定的に存在するものもあり、これを**安定ラジカル**といいます。そして、この安定ラジカルが電気を蓄えると、不対電子が消滅し、イオン性分子として通常の安定した物質になります。

つまり、有機ラジカル電池は、安定ラジカル物質と安定したイオン性物質の状態間で酸化還元反応（充放電）が行われる二次電池なのです。

●電極物質と電解液

有機ラジカル電池の負極には炭素材料が、正極には有機ラジカルポリマー（高分子）の**PTMA**が用いられます。PTMAは「4-メタクリロイルオキシ-2,2,6,6-テトラメチルピペリジンN-オキシル」という非常に複雑な名前の物質ですが、これは**TEMPO**（2,2,6,6-テトラメチルピペリジンN -オキシル）という酸化還元反応に安定なラジカル（図5-6-1）を、有機電解液に溶けにくくするために**重合**したポリマーです。重合とは同じ分子が2つ以上結合して大きな化合物になる化学反応のことです。PTMAは導電性が低いので、炭素などの導電補助剤が混合されます。

電解液には、エチレンカーボネートなどの有機溶媒にリチウム塩を溶かしたものなどが使われます。そのリチウムイオンが両極間で電荷を運ぶので（図5-6-2）、有機ラジカル電池はリチウム電池の一種といえます。

●曲げ伸ばしが自由な軽量・薄型電池

有機ラジカル電池は、現状では比容量はリチウムイオン電池に劣るものの、反応速度が非常に速く、高出力で、充放電効率も高いうえにサイクル寿命が長いというすぐれた特徴をいくつも持っています。

また、有機ラジカルポリマーに電解液を吸収させてゲル状にしたものが開発され、安全性の高い、軽量・薄型で柔軟な電池を作ることが可能となり、ICカードや各種ウェアラブル機器の電源としての利用が期待されています。

図 5-6-1　TEMPO の酸化還元反応

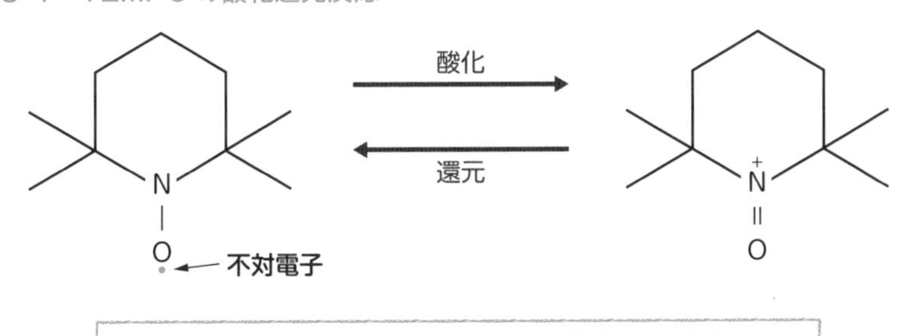

TEMPO＝2,2,6,6-テトラメチルピペリジンN-オキシル

酸化還元反応は、NO部分（NOラジカル＝ニトロキシルラジカル）で起こる

図 5-6-2　有機ラジカル電池の充放電の原理

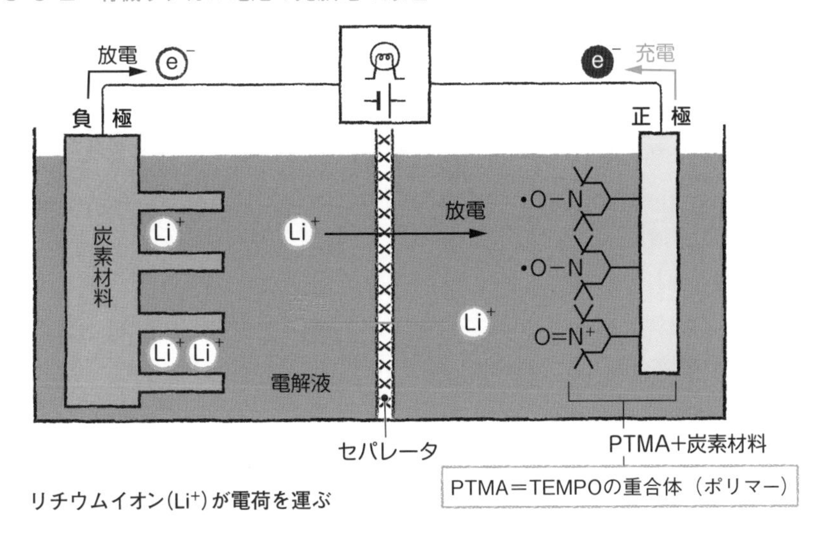

PTMA＝TEMPOの重合体（ポリマー）

リチウムイオン(Li^+)が電荷を運ぶ

5-7 コンバージョン電池

英語の「conversion」（コンバージョン）とは「交換」という意味です。たとえば、仮にMを2価、Nを1価の金属とすると、MとNの間で塩素を交換する化学反応は、$MCl_2 + 2N \rightarrow M + 2NCl$で表されます（図5-7-1）。Clが結合する相手がMからNに交換されるので、これを**コンバージョン反応**といい、この反応を電池に応用したものが**コンバージョン電池**です。

●三フッ化鉄とリチウムとのコンバージョン反応

研究開発されているコンバージョン電池の主流は、負極に金属リチウム、正極に三フッ化鉄（FeF_3）を用いたものです。放電時に、負極から溶け出したリチウムイオンが電解液を通って正極に達すると、リチウムイオンは三フッ化鉄の結晶のすき間に入り込み、このときフッ素は鉄から離れてリチウムと結合します。充電時には逆の反応が起こります（図5-7-2）。つまり、負極の反応は金属リチウムの溶解・析出反応、正極では三フッ化鉄とリチウムとの間でフッ素を交換するコンバージョン反応が起こります。したがって、リチウム二次電池の一種ともいえます。電池反応式は次のようになります。

《負極》$Li \rightleftarrows Li^+ + e^-$

《正極》$FeF_3 + 3Li^+ + 3e^- \rightleftarrows Fe + 3LiF$

《反応全体》$FeF_3 + 3Li \rightleftarrows Fe + 3LiF$

反応式のとおり、鉄やフッ素が電解液中に溶出することはありません。

●コンバージョン電池の長所と大容量を活かした用途

三フッ化鉄などを主体とした正極活物質を用いたコンバージョン電池では、結晶構造全体がリチウムと反応するので、多量のリチウムが吸着・脱離できるため、高容量で非常に高いエネルギー密度が見込まれます。また酸化物を用いた場合でも、化学反応で酸素を放出することがないので、発火や燃焼の危険性が小さく、高い安全性が期待できます。

現状のコンバージョン電池では、リチウムは使うものの、コバルトやニッケルは使用しないので、比較的安価に製造できるメリットもあります。用途としては、大容量という特性を生かして、再生可能エネルギーの貯蔵用や電気自動車のバッテリーとしての使用が期待されています。

現在、より耐久性が高く、高エネルギー効率の電極材の探索や、それに適合した電解液の開発が続いています。

図 5-7-1　コンバージョン反応の例

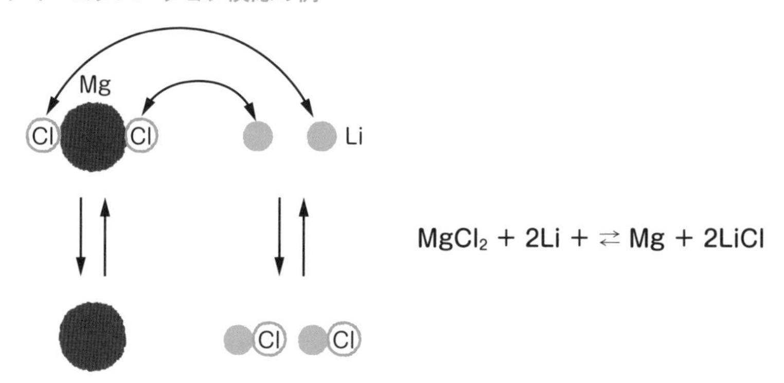

マグネシウムとリチウムとの間で塩素を交換（コンバージョン）する反応。
リチウムイオン電池の負極に用いる研究事例もある

図 5-7-2　コンバージョン電池の充放電の原理

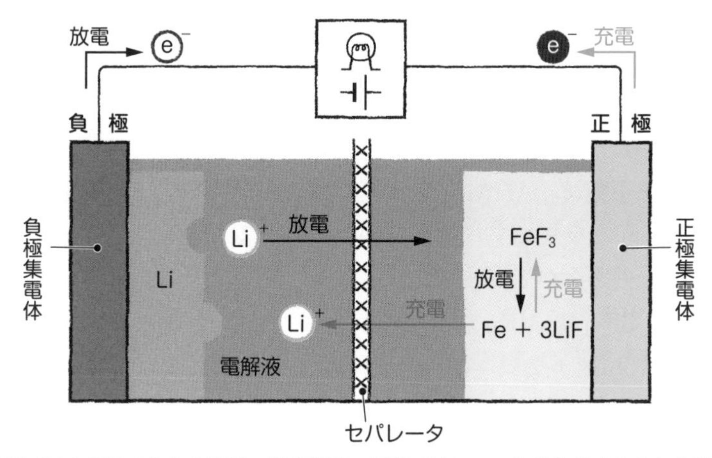

負極では金属リチウムの溶解・析出反応、正極では三フッ化鉄とリチウムとの間でフッ素のコンバージョン反応が起こる

5-8 フッ化物イオンシャトル電池

フッ化物イオンが正極と負極の間を往復することで充放電が進行する二次電池が**フッ化物イオンシャトル電池**です。単に「**フッ化物電池**」とか「フッ化物イオン電池」「フッ化物シャトル電池」などとも呼ばれ、多くの次世代電池と同様、統一した名称はありません。シャトル（shuttle）とはバドミントンで使用するハネのこと。シャトルがネットをまたいで両コートを行ったり来たりする様から、電池にその名がつきました。つまり、ロッキングチェア型電池〈➡ p143〉の1つです。

●陰イオンが電荷を運ぶ新しい電池

フッ化物イオンシャトル電池（以後、フッ化物電池と表記）が、リチウムイオン電池をはじめ多くの二次電池と異なっているのは、ほとんどの電池は金属イオンなどの陽イオンが電荷を運ぶのに対して、フッ化物電池では陰イオンのフッ化物イオン（F^-）が**キャリア**となる点です。キャリアとは電荷を運ぶ粒子のことです。なお、F^-を「フッ素イオン」と呼びたいところですが、この呼び名は化学界では推奨されておらず、フッ化物イオンと呼びます。

フッ化物電池は、正極と負極で異なる金属を用いて、正極で金属フッ化物の脱フッ化反応、負極で金属のフッ化反応が進むことで放電し、充電時には逆の反応が起こります。正極から出たフッ化物イオンが負極に流れることで電気を取り出すところが、リチウムイオン電池とは異なります（図5-8-1）。

CuF_2/Cuを正極に、Al/AlF_3を負極に用いた場合の、フッ化物電池の電池反応は次のようになります（イオンが放出される正極を先に書きました）。

《正極》$CuF_2 + 2e^- \rightleftarrows Cu + 2F^-$

《負極》$Al + 3F^- \rightleftarrows AlF_3 + 3e^-$

《反応全体》$3CuF_2 + 2Al \rightleftarrows 3Cu + 2AlF_3$

フッ化物材料は多様性に富むため、正極・負極活物質の候補はほかにも多々あり、最適な金属種の組み合わせが探索されています。また、電解質については、次世代電池はどれも全固体電池化を探っていますが、フッ化物電池では電解液より**固体電解質**の研究のほうが先んじています（図 5-8-2)。

原理的には、フッ化物電池は現行リチウムイオン電池の 3〜5 倍のエネルギー密度を達成できると考えられており、期待は大きいといえます。しかし、実用化までにはもう少し時間がかかりそうです。

図 5-8-1　フッ化物電池の充放電の原理

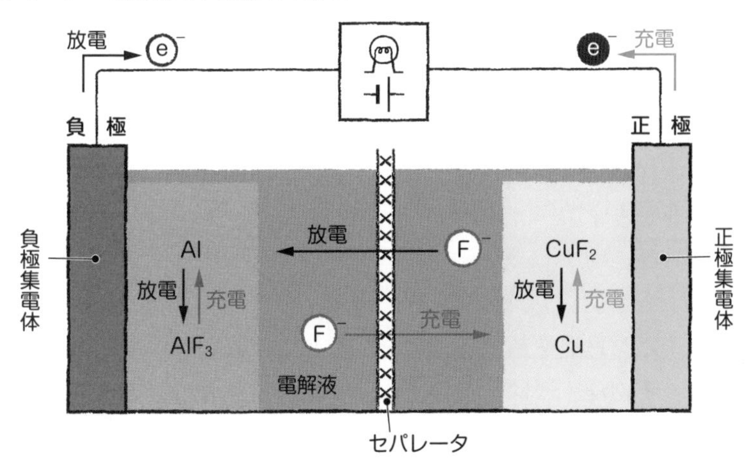

多価の金属イオンは1価のフッ化物イオンの複数と結合するため、1価のフッ化物イオンをキャリアとしながら、電極内では多価の酸化還元反応が起こる。これがフッ化物電池の利点である

図 5-8-2　固体電解質を用いた薄膜型フッ化物電池の構造

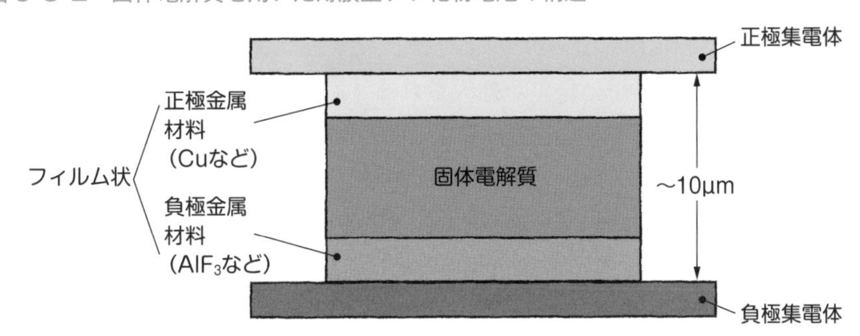

固体電解質は140℃以上（例）という高温状態で機能するため、これを低温化するのが課題の1つである

5-9 デュアルイオン電池

従来の二次電池では、1種類のイオンが電荷を運ぶことで充放電するのがいわば常識です。この常識を打ち破ったのが**デュアルイオン電池**です。デュアルという名のとおり、2種類のイオンが電池反応に関与します。

しかし、デュアルイオン電池と名乗る電池にも、異なる原理やしくみを持つものが複数あります。ここでは、実用化が有望視されている東北大学と東京工業大学を中心とするチームが開発した、リチウムイオン（Li^+）とマグネシウムイオン（Mg^{2+}）を用いたデュアルイオン電池（**Li-Mgデュアルイオン電池**）を紹介します。

●2種類のイオンによる"協奏"効果

リチウムイオン電池を超えることを目指している次世代電池の1つ、多価イオン電池〈➡ p188〉には、多価イオンゆえに電解液中や電極内での拡散スピードが遅く、電極反応が進みにくいという欠点があります。この問題解決に突破口を与えるのが、Li-Mgデュアルイオン電池です。LiやMgからなる金属負極と、インターカレーションが可能なコバルト酸マグネシウム（$MgCo_2O_4$）などの正極、Li^+とMg^{2+}を含む電解液を用いたLi-Mgデュアルイオン電池では、放電の際、負極からLi^+とMg^{2+}が溶出して、正極にインターカレートされます。充電時には逆の反応が起こります（図5-9-1）。

ポイントは、放電時の正極でのインターカレーションで、まずLi^+が先に正極に挿入され、後からMg^{2+}が挿入されます。すると、Mg^{2+}は先行するLi^+と一定距離を保ちつつペアで正極内に拡散していきます。そして、このときのMg^{2+}の拡散速度は、Mg^{2+}が単独のときより格段に速くなるのです。その理由は、先行したLi^+が、Mg^{2+}が拡散するのを妨げるエネルギー障壁を低減するからだと考えられています（図5-9-2）。

このような電極内での"協奏"的な拡散は、異なる種類のイオン間だけでなく、同じイオンでも起こります。しかし、Mg^{2+}どうしの協奏はあまり意味がなく、拡散スピードの速いLi^+とペアになることが重要です。

多価イオン電池は、もともと容量密度と体積エネルギー密度が大きいことに加えて、多価イオンがデンドライトを生じにくいという長所もあります。こうした利点と、金属リチウムが持つ高理論容量・高電圧・高エネルギー密度という特長をすべて生かすことができれば、画期的な二次電池になります。

図 5-9-1　Li-Mg デュアルイオン電池の充放電の原理

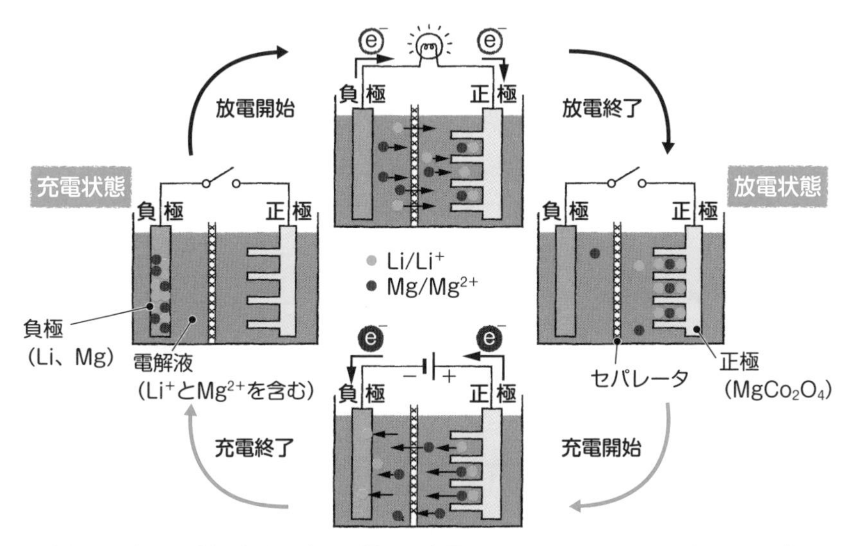

負極では金属の溶解･析出反応、正極では金属イオンのインターカレーション・デインターカレーション反応が起こる。インターカレーション反応では、Li^+が先に挿入されて、Mg^{2+}が後に続く

図 5-9-2　インターカレーションにおけるエネルギー障壁の概念図

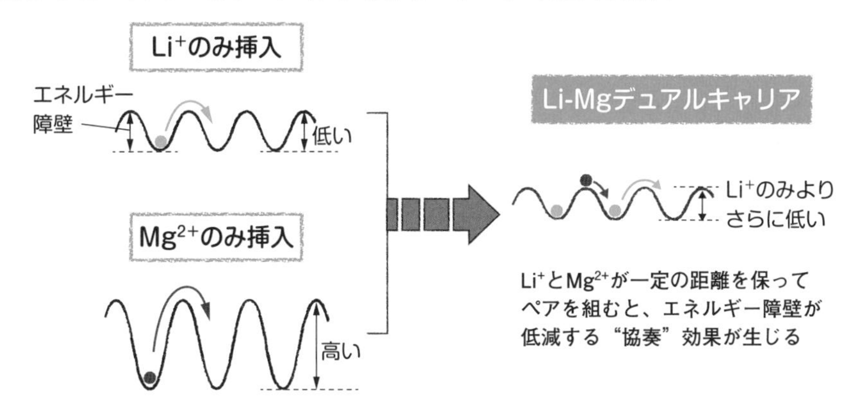

5-10 バイポーラ型二次電池

バイポーラ型電極は古くから考案されてきましたが、実用化には至りませんでした。しかし、近年異なるタイプの製品が相次いで発表されています。

バイ（bi-）は「2つ」、ポーラ（polar）は「極」のこと。つまり、バイポーラは「2つの極」を意味し、**バイポーラ型電極**とは、1枚の電極基板の表裏に、それぞれ正極と負極を持つ電極をいいます。

そのため、通常の電池では電流は電極に沿って流れるのに対して、バイポーラ型電極では電流が電極面に垂直に流れます（図5-10-1）。このとき、電流が流れる向きの断面積が大きくなるので、抵抗が小さくなり、大きな電流を流すことができます。

ここでは、2020年6月に古河電気工業と古河電池が開発の成功と量産化を発表した**バイポーラ型鉛蓄電池**について紹介します。

●省エネ志向で電力貯蔵に最適なシステム

バイポーラ型鉛蓄電池は、定置型の電力貯蔵用途を目的とした電池です。名称のとおり、充放電の基本原理は鉛蓄電池〈➡ p68〉と同じですが、構造はシンプルで、樹脂プレートの両側にそれぞれ鉛と酸化鉛の薄膜を接合させて電極基板を作ります。そして、電解液の希硫酸を基板の間に封じ込めて、鉛蓄電池で起きがちな液漏れを防ぎ、安全性を高めています。

バイポーラ型鉛蓄電池は、体積が小さく、重量も軽いので、従来の鉛蓄電池に比べて体積エネルギー密度は約1.5倍、重量エネルギー密度は約2倍に高まります。ただ、これでも電池セルの値としてはリチウムイオン電池（LIB）に劣ります。しかし、蓄電システムを設置するときに、LIBでは必要となる一定の距離間隔や空調設備がいらないので、設置面積当たりのエネルギー量はLIBを上回ります。トータル的に、システムコストをLIBの半分に抑えることが目標で、これはダムの揚水発電並みの低い水準です。

一方、バイポーラ型鉛蓄電池はサイクル寿命約4500回とLIBの500〜1000回（$LiCoO_2$正極）をはるかに凌駕しており、およそ15年にわたる寿命と耐久性を持っています。また、使用後のリサイクルも、すでに確立されている従来の鉛蓄電池の流れに乗せることができます。

このように、経済性・安全性・耐久性、リサイクル性にすぐれるバイポーラ型鉛蓄電池は、次世代の電力貯蔵用電池の有力候補です（表 5-10-1）。

図 5-10-1　バイポーラ型鉛蓄電池の構造

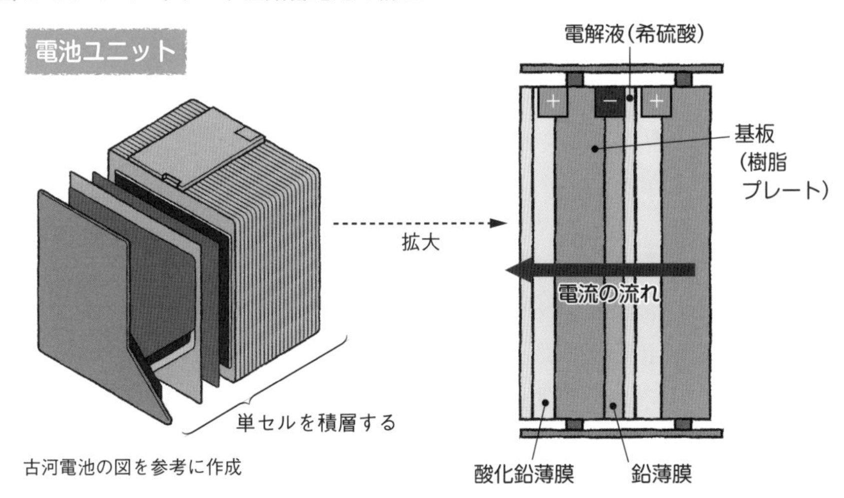

表 5-10-1　電力貯蔵用蓄電池の比較

特徴	鉛蓄電池	NAS 電池	RF 電池	電力貯蔵用 LIB	バイポーラ型 鉛蓄電池
エネルギー密度（体積・重量）	△	○	×	◎	○
システムの接地面積（狭さ）	△	○	△	○	○
サイクル寿命	○	○	◎	○	○
安全性	○	△	○	△	○
リサイクル	◎	×	△	×	◎
システムのトータルコスト	×	×	×	×	◎

※◎：とくにすぐれている、○：すぐれている、△：ふつう、×：劣っている
※ NAS 電池：ナトリウム硫黄電池、RF 電池：レドックスフロー電池
※システムのトータルコストは、揚水発電との比較
古河電池の資料を一部参考にして作成。バイポーラ型鉛蓄電池以外は現状での評価

5-11 リチウムイオンキャパシタ

電気二重層キャパシタ〈➡ p130〉の原理を元にしながら、リチウムイオン電池（LIB）のインターカレーション反応も取り入れたハイブリッドな次世代キャパシタが、**リチウムイオンキャパシタ**（以後、LIC と表記）です。ハイブリッドを生かして、電池としてもキャパシタとしても利用可能です。

すでに実用化され、数社から販売されていますが、次世代二次電池の一種としてその一例を紹介します。

●LIC の構造と充放電の原理

LIC の正極は、電気二重層キャパシタと同じ活性炭を用い、陰イオンと正電荷による電気二重層の形成と消滅を繰り返します。他方、負極には LIB と同じ黒鉛などの炭素材料を使用し、Li^+ の挿入（インターカレーション）と脱離（デインターカレーション）の酸化還元反応が起こります。こうした正極と負極で異なる反応が繰り返されることによって、充放電が進みます。

ポイントとなるのは、あらかじめ負極に Li^+ が挿入される点です。これを**プレドーピング**といい、プレドーピングによって負極の容量が増大し、従来の電気二重層キャパシタに比べてエネルギー密度や作動電圧も向上します。

充電は、電解液中に含まれる Li^+ が、プレドープされた負極にさらに挿入されることで進みます。このとき、電荷液中の陰イオンが正極へ移動し、正電荷と電気二重層を形成します。

放電時には、負極から Li^+ が脱離して電解液中に拡散し、正極でも陰イオンが脱離して電気二重層が消滅します。（図 5-11-1）。

●LIC の長所と用途

LIC は、電気二重層キャパシタに比べて高温耐久性にすぐれており、使用温度範囲が高温領域に広くなりました。また、LIB のような熱暴走の危険性もなく、高い安全性を有しています。さらに、自己放電が少ないために、蓄えた電気を長く保持できるとともに、負極の劣化が小さいのでサイクル寿命も長いという特長もあります。このように、電気二重層キャパシタとLIBの欠点を弱め、両者の利点を高めることに一部成功しています（表5-11-1）。

LICは、自動車や産業機器の電源・補助電源や、再生可能エネルギーの電力平準化対策、緊急時のバックアップ電源などの用途が期待されています。

図5-11-1　リチウムイオンキャパシタの充放電の原理

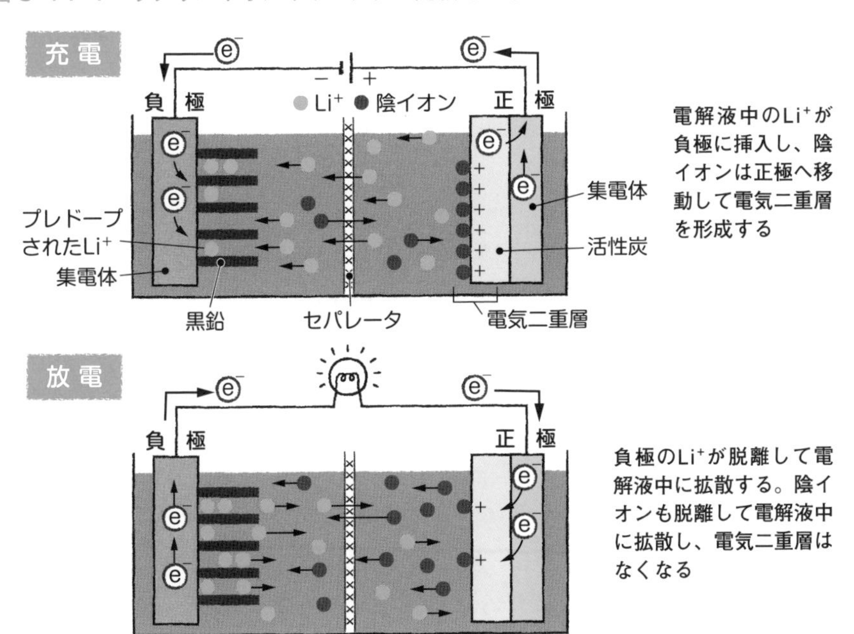

表5-11-1　電気二重層キャパシタ、LIB、LICの性能比較

	電気二重層キャパシタ	LIB	LIC
エネルギー密度	×	◎	△
高速充電	◎	×	◎
使用温度範囲	−40〜70℃	−20〜60℃	−35〜85℃
自己放電（少なさ）	×	○	○
サイクル寿命	◎	△	◎
安全性	○	△	○

※◎：とくにすぐれている、○：すぐれている、△：ふつう、×：劣っている
※LIB：リチウムイオン電池、LIC：リチウムイオンキャパシタ

5-12 ポスト・リチウムイオン電池はやっぱりリチウムイオン電池か

ここまで紹介してきた次世代二次電池以外にも、世界中でありとあらゆるタイプの電池が模索されています。ここでは、リチウムイオン電池（LIB）の電極や電解液に若干の改良を加えることで、飛躍的に性能をアップさせる試みを取り上げます。現行LIBと原理や構造がほとんど同じなので、開発が速く進む可能性があり、「ポストLIBはやっぱりLIB」となるかもしれません。

●負極材料にシリコンやグラフェン

地球上で2番目に豊富な資源量を誇る安価な材料である**シリコン**（Si）を使った負極材料が注目されています。現行LIBが採用している従来の黒鉛（グラファイト）に比べて、Siを負極に用いるとはるかに多くのリチウムイオン（Li^+）を収納でき、理論容量が10倍以上に跳ね上がる可能性があります。しかし、充電時に挿入されるLi^+とSiの合金化により、Siの体積が4～8倍も膨張するという重大な欠点があります。Li^+が脱離すると元に戻りますが、膨張と収縮の繰り返しで電極が破壊され、サイクル寿命が短くなるのです。この膨張を抑制するために、Siと炭素との複合化などが試されています。

一方、「驚異の素材」と呼ばれる**グラフェン**を負極に用いる研究もあります。グラフェンは炭素原子が六角形の網目状に広がったシート状の材料で、実は黒鉛（グラファイト）はグラフェンが層状に積み重なったものです。それを1枚1枚はがしたものがグラフェンです（図5-12-1）。グラフェン負極を用いて、エネルギー密度が従来のLIBの5倍以上を達成した報告もあります。

また、同じ炭素材料でも**カーボンナノチューブ**を用いた負極や、グラフェンやカーボンナノチューブとSiの複合化物電極も模索されています。

●濃厚電解液で高速充電

これまで、電解液の濃度が高くなると化学反応の速度が遅くなると考えられてきました。ところが、従来のLIBより3～4倍ものリチウム塩を溶かした超高濃度の新しい電解液では、これまで以上の高速反応が可能になることが発見されました。濃厚電解液では、Li⁺とともに負極に挿入してしまう溶媒物質が減り、Li⁺の挿入効率が高まるのです。また、正極においても、高い電圧でも溶媒が電気分解されにくいこともわかりました。

Liを増やすことはコスト増につながりますが、既存の製造ラインの軽微な改修で生産できるメリットがあるため、研究開発が活発に行われています。

表5-12-1に、現在開発段階の次世代二次電池をまとめておきます。

図5-12-1　グラフェン、グラファイト、カーボンナノチューブ

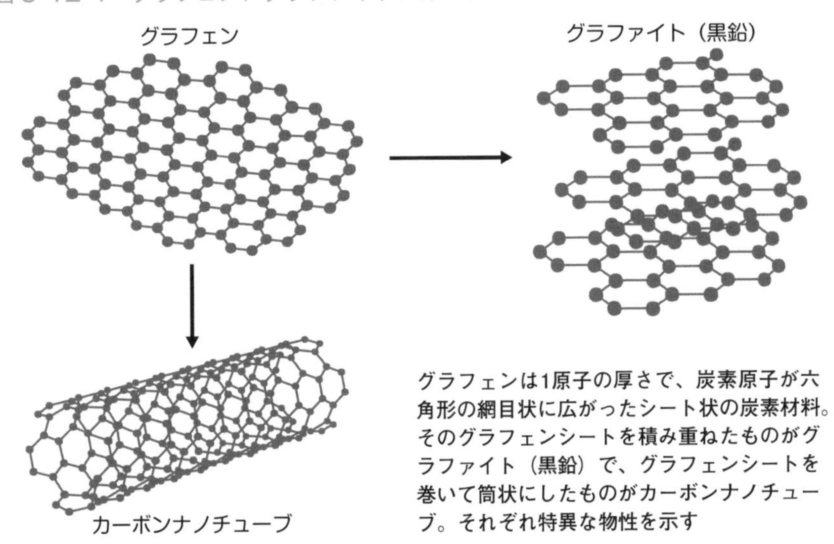

表5-12-1　次世代二次電池の開発段階（本書で紹介したもの）

基礎研究初期	基礎研究（一部実用化研究）	実用化間近（一部実用化済み）
多価イオン電池	有機ラジカル電池	超濃厚電解液LIB
リチウム空気二次電池	カリウムイオン電池	ナトリウムイオン電池
全固体電池（酸化物型）	リチウム硫黄電池	シリコン負極LIB
	フッ化物イオンシャトル電池	全固体電池（硫化物型）
	コンバージョン電池	亜鉛空気二次電池
		デュアルイオン電池
		バイポーラ型鉛蓄電池
		リチウムイオンキャパシタ

※同じ名称（表中）を名乗る電池でも、メーカーによって材料やしくみが異なる場合がある

宇宙で活躍するLIBとイオンエンジン

リチウムイオン電池（LIB）の隆盛は本文で紹介しているとおりですが、LIBの活躍の場は地球を飛び出し、宇宙にまで広がっています。2016年にはH-2Bロケット6号機で打ち上げられた宇宙船補給機「こうのとり」によって、国際宇宙ステーション（ISS）へ日本製LIBが6台運ばれました。以前はニッケル水素電池が使用されていましたが、LIBに置き換えられることになり、すでに3回の輸送が完了しています。

また、アメリカが主導して2026年までの完成を目指している「月近傍有人拠点（通称Gateway）」にも、日本がLIBを納入する予定です。月近傍拠点とは、月周回軌道上に投入して、月面へのアクセスと宇宙探査の拠点とする有人宇宙機です。

しかし、宇宙で活躍する「イオン」はLIBだけではありません。

はやぶさ&はやぶさ2に積まれたイオンエンジン

小惑星「イトカワ」の微粒子を採取して2010年に地球に帰還し、日本中を感動の渦に巻き込んだ小惑星探査機「はやぶさ」の記憶はまだ新しいものです。このはやぶさにメインエンジンとして搭載されたのが、日本が世界で初めて実用化に成功したイオンエンジンです。イオンエンジンは「はやぶさ2」にも搭載されています。

はやぶさ&はやぶさ2のイオンエンジンは、キセノンガスをマイクロ波（電磁波）で加熱して陽イオン化し、それに強い電圧をかけて加速し、機体の後方に高速で噴出することで推進力を得るエンジンです。つまり、作用・反作用の法則を利用して前方に進むのです。

キセノン（Xe）は原子番号54で、原子量131.3。リチウム（原子番号3、原子量6.9）に比べてかなり重い元素ですので、得られる推進力の面では有利です。とはいえ、ちっぽけなイオンをいくら大量に噴出したところで、燃焼を利用した化学推進エンジンに比ぶべくもありません。

しかし、イオンエンジンは燃費がよく、耐久性にもすぐれています。そして、微々たる加速も長時間続けることで、はやぶさ2は秒速30km以上で飛行することができるのです。まさしく「塵も積もれば山となる」の格言どおりです。

用語索引

タ
行

ナ
行

ハ
行

■**参考文献**

◉『全固体電池入門』高田和典編著/菅野了次・鈴木耕太著　2019年　日刊工業新聞社
◉『バッテリマネジメント工学〜電池の仕組みから状態推定まで〜』足立修一・廣田幸嗣編著/押上勝憲・馬場厚志・丸田一郎・三原輝儀著　2015年　東京電機大学出版局
◉『電池のすべてが一番わかる（しくみ図解）』福田京平著　2013年　技術評論社
◉『リチウムイオン電池回路設計入門』臼田昭司著　2012年　日刊工業新聞社
◉『大規模電力貯蔵用蓄電池』電気化学会エネルギー会議 電力貯蔵技術研究会編　2011年　日刊工業新聞社
◉『電池がわかる電気化学入門』渡辺正・片山靖著　2011年　オーム社
◉『トコトンやさしい2次電池の本』細田條著　2010年　日刊工業新聞社

■著者紹介

白石 拓（しらいし・たく）

本名、佐藤拓。1959年、愛媛県生まれ。京都大学工学部卒。サイエンスライター。弘前大学ラボバス事業（文科省後援）に参加、「弘前大学教育力向上プロジェクト」講師（2009〜15年）。主な著書は『ノーベル賞理論！図解「素粒子」入門』（2008年宝島社刊）、『透明人間になる方法 スーパーテクノロジーに挑む』（2012年PHP研究所）、『太陽と太陽系の謎』（2013年宝島社刊）、『異常気象の疑問を解く』（2015年廣済堂出版刊）、『「ひと粒五万円!」世界一のイチゴの秘密』（2017年祥伝社刊）、『きちんと使いこなす!「単位」のしくみと基礎知識』（2019年日刊工業新聞社刊）他多数。週末は新極真会東京ベイ小井道場で汗を流す。

●装　　　丁　中村友和（ROVARIS）
●作図＆イラスト　糸永浩之

しくみ図解シリーズ
最新 二次電池が一番わかる

2020年10月13日　初版　第1刷発行
2021年 8 月20日　初版　第2刷発行

著　　者　白石 拓
発 行 者　片岡 巖
発 行 所　株式会社技術評論社
東京都新宿区市谷左内町21-13
電話
03-3513-6150　販売促進部
03-3267-2270　書籍編集部
印刷／製本　株式会社加藤文明社

ISBN978-4-297-11596-8 C3054

Printed in Japan

本書の内容に関するご質問は、下記の宛先まで書面にてお送りください。お電話によるご質問および本書に記載されている内容以外のご質問には、一切お答えできません。あらかじめご了承ください。

〒162-0846
新宿区市谷左内町21-13
株式会社技術評論社 書籍編集部
「しくみ図解シリーズ」係
FAX：03-3267-2271